August Ferdinand Möbius

Astronomie

Größe, Bewegung und Entfernung der Himmelskörper

August Ferdinand Möbius

Astronomie

Größe, Bewegung und Entfernung der Himmelskörper

ISBN/EAN: 9783955622381

Auflage: 1

Erscheinungsjahr: 2013

Erscheinungsort: Bremen, Deutschland

@ Bremen-university-press in Access Verlag GmbH, Fahrenheitstr. 1, 28359 Bremen. Alle Rechte beim Verlag und bei den jeweiligen Lizenzgebern.

Sammlung Göschen

Astronomie

Größe, Bewegung und Entfernung der
Himmelskörper

von

A. F. Möbius

10. verbesserte Auflage

bearbeitet von

Dr. Walter F. Wislicenus

a. o. Prof. a. d. Universität Straßburg

Mit 36 Abbildungen und einer Karte des nördlichen
Sternhimmels

Leipzig
G. J. Göschen'sche Verlagshandlung
1903

Inhalts-Verzeichnis.

Erstes Kapitel: Von der Erde.   Seite
§ 1. Tägliche scheinbare Umdrehung des Himmels 5
§ 2. Gestalt und Größe der Erde. 12
§ 3. Achsendrehung der Erde 25
§ 4. Von der Atmosphäre 29

Zweites Kapitel: Jährliche Bewegung.
§ 5. Scheinbare Bewegung der Sonne. 34
§ 6. Die verschiedenen Arten der Zeit 40
§ 7. Größe und Entfernung der Sonne 47
§ 8. Jährliche Bewegung der Erde 50

Drittes Kapitel: Bewegung des Mondes.
§ 9. Bahn des Mondes 60
§ 10. Lichtgestalten, Entfernung, Größe, Rotation des Mondes . . 65
§ 11. Von den Finsternissen und Bedeckungen 72

Viertes Kapitel: Bewegung der Planeten und ihrer Monde.
§ 12. Scheinbare Bewegung der Planeten 78
§ 13. Wahre Bewegung der Planeten 85
§ 14. Bahnen der neueren Planeten 93
§ 15. Bewegung der Planetenmonde 100
§ 16. Mechanische Erklärung der Planetenbewegung. Masse und Dichtigkeit der Planeten 105

Fünftes Kapitel: Von den Kometen und Meteoren.
§ 17. Aussehen und Bewegung der Kometen 114
§ 18. Beschreibung einzelner Kometen 119
§ 19. Die Meteore und ihre Beziehung zu den Kometen . . . 126
§ 20. Die Stabilität des Sonnensystems 132

Sechstes Kapitel: Von den Fixsternen.

		Seite
§ 21.	Orientierung am Fixsternhimmel	134
§ 22.	Entfernung, Helligkeit, Zahl und Farbe der Fixsterne	141
§ 23.	Veränderliche und neue Sterne	147
§ 24.	Doppelsterne	154
§ 25.	Nebelflecke und Sternhaufen	158
§ 26.	Eigenbewegung der Sterne, Verteilung der Sterne, Bau des Universums	160
	Register	166

Erstes Kapitel.

Von der Erde.

§ 1. Tägliche scheinbare Umdrehung des Himmels.

Die Erde erscheint uns als eine große Kreisscheibe und der Himmel als ein auf dieser Scheibe ruhendes Gewölbe.

Die Kreislinie, nach welcher in ebenen Gegenden diese Scheibe von dem Himmelsgewölbe begrenzt erscheint, heißt Horizont. Ein auf der Scheibe im Mittelpunkt errichtetes Lot, die Vertikallinie, trifft das Gewölbe in seinem höchsten Punkt, dem Scheitel oder Zenit. Denkt man sich das Himmelsgewölbe auch unter die Erdscheibe fortgesetzt und zu einer Kugel ergänzt, so ist der tiefste Punkt dieser Kugel, in welchem sie von der nach unten verlängerten Vertikallinie getroffen wird, der Nadir.

Fast alle Himmelskörper bleiben in unveränderter Lage gegeneinander, verändern aber ihre Lage gegen den Horizont, so daß es scheint, als ob sie an der Innenfläche einer Hohlkugel, in deren Mittelpunkt sich der Beobachter befindet, befestigt wären und durch gleichförmige Umdrehung dieser Kugel um eine durch den Mittelpunkt gehende Achse eine gemeinsame Kreisbewegung erhielten.

Die Zeit, innerhalb welcher eine solche Umdrehung des Himmelsgewölbes sich vollzieht, ist immer dieselbe und heißt ein **Sterntag**. Die feste Achse, um welche die Himmelskugel sich zu drehen scheint, heißt die **Weltachse**; die Punkte, wo die Himmelskugel von der Weltachse getroffen wird, und welche bei der allgemeinen Umdrehung stille zu stehen scheinen, sind die **Pole des Himmels**, und zwar der für die Bewohner der nördlichen Himmelsgegenden sichtbare, welcher über unserem Horizont sich befindet, der **Nordpol**, der entgegengesetzte der **Südpol**.

In Fig. 1 stellt der Kreis den Umriß der Himmelskugel dar, von einem im Horizont sehr weit draußen liegenden Punkte aus gesehen. Der Horizont erscheint als die gerade Linie HH_1, der Durchmesser PP_1 der Himmelskugel stellt die Weltachse dar, P ist der Nordpol, P_1 der Südpol, Z der Zenit, Z_1 der Nadir. Der durch den Zenit und die Weltachse gehende Kreis, welcher auf der Ebene des Horizontes senkrecht steht und und in Fig. 1 Umriß der Himmelskugel ist, heißt der **Meridian**. Jeder Stern beschreibt bei der Umdrehung des Himmels einen Kreis,

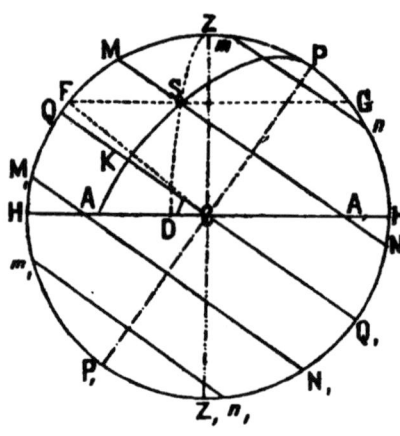

Fig. 1.

dessen Ebene auf der Weltachse senkrecht steht, und welcher **Parallelkreis** heißt. In Fig. 1 erscheinen diese Parallelkreise als gerade Linien: mn, MN, QQ_1, M_1N_1, m_1n_1. Derjenige Parallelkreis QQ_1, dessen Ebene den Abstand zwischen beiden Polen sowie die Himmelskugel halbiert, bildet einen größten Kreis der Himmelskugel, welcher **Äquator** oder **Gleicher** genannt wird. Je näher ein

Stern einem der Pole ist, desto kleiner ist sein Parallelkreis. Jeder Parallelkreis schneidet den Meridian in zwei Punkten m und n. M und N, Q und Q_1, M_1 und N_1, m_1 und n_1; dies sind die Punkte, wo der betreffende Stern seinen höchsten und tiefsten Stand gegenüber dem Horizont hat, oder wo er kulminiert. Man unterscheidet die obere Kulmination, d. h. den Ort des höchsten Stands (m, M, Q, M_1), und die untere Kulmination, den Ort des tiefsten Stands (n, N, Q_1, N_1).

Fig. 2 zeigt die über dem Horizont befindliche Hälfte des Himmelsgewölbes, vom Nadir aus gesehen; der Beschauer muß also die Figur über sich halten, um sich am Himmel zu orientieren. Der Horizont erscheint als Kreis H_1 O H W mit dem Zenit Z als Mittelpunkt, der Meridian HH_1 als Durchmesser desselben, auf dem Meridian liegt der Nordpol P.

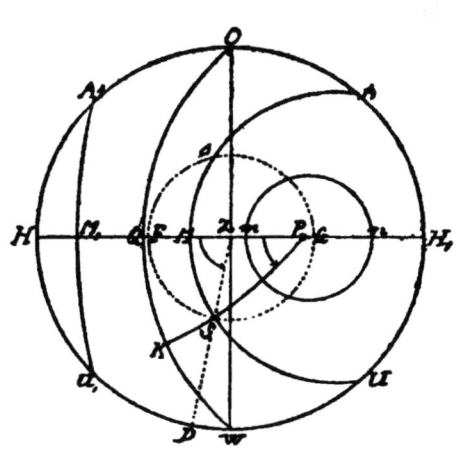

Fig. 2.

Die über dem Horizont liegenden Teile der Parallelkreise und des Äquators erscheinen als die Kreisbogen $A_1 M_1 U_1$, O Q W, A M U, n m.

Die Figuren 1 und 2 zeigen einen wichtigen Unterschied zwischen den Sternen, nämlich 1) solchen, deren Parallelkreise ganz über dem Horizonte liegen (m n) und deshalb in Fig. 2 als ganze Kreise erscheinen, 2) solchen, deren Parallelkreise zum Teil über, zum Teil unter dem Horizonte liegen (MN, QQ_1, $M_1 N_1$), und 3) solchen, welche nicht über dem Horizonte sichtbar werden ($m_1 n_1$

in Fig. 1). Die ersteren Sterne nennt man Zirkumpolarsterne; bei der zweiten Klasse heißt der über dem Horizonte liegende Teil ihres Parallelkreises (AU, OW, $A_1 U_1$ in Fig. 2) der Tagbogen, der unter dem Horizont liegende der Nachtbogen.

In Fig. 2 ergibt sich aus der Symmetrie der ganzen Figur, daß jeder Parallelkreis durch die Kulminationspunkte (der Tagbogen durch die obere Kulmination) halbiert wird. Fig. 1 zeigt, daß für den Äquator der Tagbogen gleich dem Nachtbogen gleich einem Halbkreis ist; für einen Stern, welcher zwischen dem Äquator und dem sichtbaren Pole liegt, ist der Tagbogen größer als der Nachtbogen, mithin größer als ein Halbkreis; für einen dem unsichtbaren Pole näheren Stern ist der Nachtbogen der größere, während der Tagbogen kleiner als ein Halbkreis ist.

Die Schnittlinie der Ebene des Meridians mit derjenigen des Horizonts ($H H_1$) heißt die Mittagslinie. Derjenige von ihren Endpunkten, welcher dem Nordpol näher ist, heißt der Nordpunkt (H_1), der andere der Südpunkt (H); ein auf der Mittagslinie senkrechter Durchmesser des Horizonts (Fig. 2) schneidet diesen im Ostpunkt O (für einen gegen Süden sehenden Beobachter links) und im Westpunkt W. Da die Drehung des Himmelsgewölbes für einen gegen Süden sehenden Beobachter von links nach rechts stattfindet, so gehen alle nicht zirkumpolaren Sterne im Osten auf (Fig. 2 in A und A_1) und im Westen unter (Fig. 2 in U und U_1). Da die Umdrehung eine gleichförmige ist, so wird nicht nur der Tagbogen, sondern auch die Zeit zwischen Aufgang und Untergang der Sterne vom Zeitpunkt ihrer Kulmination halbiert. Für die Zirkumpolarsterne ist dagegen die Zeit von der unteren Kulmination bis zur oberen gleich der von der oberen bis zur unteren. Aus Fig. 2 ist endlich ersichtlich, daß Sterne, welche dem Nordpol näher liegen, zwischen dem Nordpunkt und Ostpunkt auf-, zwischen dem Nordpunkt und Westpunkt untergehen; Sterne im Äquator gehen genau im Osten auf und im Westen unter; Sterne zwischen dem Äquator und dem Südpol gehen zwischen dem Südpunkt und dem Ost-(West-)Punkt auf (unter).

Der Bogen auf dem Horizont, um welchen der Aufgangspunkt eines Sternes vom Ostpunkte absteht, heißt die **Morgenweite** (Fig. 2: OA und OA_1), der entsprechende Abstand des Untergangspunktes vom Westpunkte die **Abendweite** (Fig. 2: WU und WU_1) des Sternes.

Die Lage eines Sternes S am Himmel für eine bestimmte Zeit kann auf zweierlei Weise angegeben werden:

1) **In Bezug auf den Meridian und den Horizont:** Man legt durch den Stern einen zum Horizont parallelen Kreis FSG (in Figur 1 als gerade Linie, in Fig. 2 zum Horizont konzentrisch erscheinend), welcher **Horizontalkreis** oder **Almukantarat** heißt, sowie einen größten Kreis durch Stern, Zenit und Nadir, welcher daher auf dem Horizont senkrecht steht (ein Viertel davon ZSD in Fig. 1 als Teil einer Ellipse, in Fig. 2 als Halbmesser des Horizonts erscheinend) und **Vertikalkreis** genannt wird. Die Lage des Sterns ist bekannt, wenn man den Winkel kennt, welchen mit der Ebene des Meridians, von Süden über Westen von 0° bis 360° gezählt, die Ebene des Vertikalkreises bildet ($\angle HZD$ in Fig. 2) und welcher **Azimut** genannt wird, sowie den Bogen HF (Fig. 1) des Meridians zwischen dem Horizont und dem Horizontalkreis des Sterns, oder was dasselbe ist, den Winkel FCH (Fig. 1), welchen

die Sehlinie nach dem Horizontalkreis mit dem Horizonte macht. Dieser Winkel heißt die **Höhe** des Sterns. Statt desselben kann auch der Bogen FZ zwischen dem Zenit und dem Horizontalkreis oder der Winkel ZCF dienen, welcher **Zenitdistanz** des Sternes genannt wird und die Höhe zu 90° ergänzt. Das Azimut wird gelegentlich auch vom Südpunkte H nach Osten und Westen von 0° bis 180° gezählt; man unterscheidet dann östliche und westliche Azimute und gibt ersteren das negative (—), letzteren das positive (+) Vorzeichen. Derjenige Vertikalkreis, welcher durch den Ost= und Westpunkt geht (Fig. 2: OZW), heißt der **erste Vertikal**.

2) In Bezug auf den **Meridian und den Äquator** wird die Lage eines Sternes angegeben, wenn man durch Stern und beide Pole einen größten Kreis legt, der den Äquator in K trifft und **Deklinations- oder Stundenkreis** heißt (in Fig. 1 und 2 nur ein Viertel PSK gezeichnet). Der Bogen KS dieses Kreises zwischen Äquator und Parallelkreis, welcher gleich dem Meridianbogen QM zwischen dem höchsten Punkt des Äquators und dem oberen Kulminationspunkt des Sterns ist, heißt die **Deklination** des Sterns und wird durch Winkel MCQ gemessen, dessen Schenkel MC in Fig. 1 weggelassen ist. Man zählt diese Winkel vom Äquator nach den Polen zu von 0° bis 90° und unterscheidet nördliche (+) und südliche (—) Deklinationen. Der Winkel am Pol, QPS, von Süden über Westen von 0° bis 360° gezählt, zwischen der Ebene des Meridians und der des Deklinationskreises, heißt der **Stunden=winkel**. Die Deklination ist für einen und denselben Stern, welcher seine Lage am Himmelsgewölbe nicht ändert, dieselbe, der Stundenwinkel dagegen verändert sich mit der Zeit beständig. Der letztere wird auch von

Süden nach Westen und Osten von 0° bis 180° gezählt, und man unterscheidet dann westliche (+) und östliche (—) Stundenwinkel.

Der Neigungswinkel der Weltachse gegen den Horizont (P C H_1 in Fig. 1), oder der Bogen des Meridians P H_1 zwischen Nordpol und Nordpunkt, heißt die Polhöhe, der Meridianbogen Q H zwischen dem höchsten Punkt des Äquators und dem Südpunkt, oder der Neigungswinkel Q C H (Fig. 1) des Äquators gegen den Horizont, die Äquatorhöhe; beide ergänzen einander zu 90°.

Um die Lage des Meridians zu finden, muß man sich vergegenwärtigen, daß jeder Stern, S z. B., den Horizontalkreis FG (Fig. 1) zweimal passiert, nämlich einmal bei seinem Aufstieg von A nach M (Fig. 2) und bei seinem Hinabsinken von M nach U. Die beiden Punkte sind in Fig. 2 mit s und S bezeichnet, und es ist sofort einleuchtend, daß der zwischen S und s verlaufende Kreisbogen von dem Meridian HH_1 in M halbiert wird; hat man also die Richtungen von Z nach s und S irgendwie markiert, so kann man nunmehr sofort die Richtung des Meridians finden. Hat man die Zeitpunkte notiert, zu welchen sich der Stern in s und S befand, so braucht man nur das Mittel aus beiden zu nehmen, um die Zeit der Kulmination des Sternes, d. h. die Angabe, wann er in M sich befand, zu erhalten.

Da ferner aus Fig. 1 ersichtlich wird, daß Bogen Pm gleich Bogen Pn ist und m und n die Punkte der oberen und unteren Kulmination des im Parallelkreis m n sich bewegenden Zirkumpolarsternes sind, so folgt daraus, daß man den Bogen PH_1, d. h. die Polhöhe, erhält, wenn man das Mittel aus den Bogen mH_1 und nH_1 nimmt, oder in andern Worten: die Polhöhe ist das Mittel aus den beiden Höhen, die ein Zirkumpolarstern in seiner oberen und unteren Kulmination erreicht. Daß in Fig. 2 P nicht als Mittelpunkt des Parallelkreises mn erscheint, kommt daher, daß die in Fig. 2 zur Darstellung des Himmelsgewölbes gewählte stereographische Projektion zwar die Parallelkreise als Kreise wiedergibt, aber ihre Mittelpunkte stark verschiebt.

Die Äquatorhöhe HQ (Fig. 1) kann man finden, indem man von der Höhe HM, welche der Stern S in seiner oberen Kulmination erreicht, seine Deklination QM abzieht.

Alle diese scheinbaren Bewegungen des Himmelsgewölbes und der Gestirne lassen sich in sehr einfacher und anschaulicher Weise an einem Apparat demonstrieren, der unter der Bezeichnung „Uranotrop" von der Firma J. u. A. Bosch in Straßburg i. E. in den Handel gebracht wird.

§ 2. Gestalt und Größe der Erde.*)

Unter der scheinbaren Entfernung zweier Sterne S und S_1 versteht man den Winkel, welchen die Sehlinien AS und AS_1 des Beobachters A miteinander bilden. Die Erfahrung zeigt, daß die scheinbare Entfernung der Sterne dieselbe bleibt, von welchem Orte der Erde aus man die Sterne beobachten mag. Es seien (Fig. 3) A, B, C mehrere Erdorte, von denen aus man die Sterne S und S_1 in den scheinbaren Entfernungen SAS_1, SBS_1, SCS_1 (letztere beiden Winkel mit punktierten Schenkeln) beobachtet. Diese Winkel können im allgemeinen einander nicht gleich sein; da sie es aber nach dem Obigen doch sein sollen,

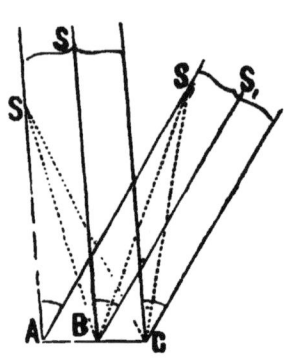

Fig. 3.

---

*) Vgl. Sammlung Göschen Nr. 26 Physische Geographie, 2. Aufl.

Gestalt und Größe der Erde.

so muß man schließen, daß die Sehlinien AS, BS, CS und ebenso AS_1, BS_1, CS_1 untereinander parallel sind, d. h. daß die Entfernungen der Erdorte gegen die Abstände der Sterne von der Erde verschwindend klein sind.

Die Erfahrung zeigt aber ferner, daß die größte und die kleinste Höhe eines Sterns, also auch die Polhöhe nicht an allen Orten der Erde von der gleichen Größe sind, sondern größer in den nördlich von uns gelegenen Ländern, kleiner in den südlich gelegenen.

Weil nun die Richtung nach dem Pol, wie vorhin angeführt wurde, für jeden Erdort dieselbe ist und die Polhöhe den Winkel zwischen dieser Richtung und dem Horizont bedeutet, so kann der Horizont nicht für alle Erdorte parallel sein; daher müssen die Vertikallinien zweier in der Richtung von Norden gegen Süden verschiedener Erdorte einen Winkel miteinander bilden. Die Erde ist also von Norden gegen Süden gekrümmt, und der Horizont eines Orts ist die Berührungsebene an die gekrümmte Erdoberfläche.

Ebenso ist aber die Erde auch von Osten nach Westen gekrümmt; dies ergibt sich aus der Tatsache, daß trotz der parallelen Richtung aller Sehlinien nach einem Stern derselbe an mehreren von Ost gegen West verschiedenen Orten nicht zugleich auf- und untergeht, also auch nicht zugleich kulminiert, sondern an östlicheren Orten früher, an westlicheren später.

Durch genauere Messungen hat sich ergeben, daß die Polhöhe um sehr nahe gleiche Beträge zunimmt, wenn man sich um gleiche Strecken gegen Norden begibt, und daß ebenso ein Stern um gleiche Zeiträume früher seinen höchsten Stand erreicht, wenn man von Westen gegen Osten um gleiche Entfernungen weitergeht. Daraus folgt, daß die Erde nach beiden Richtungen sehr nahe gleichförmig gekrümmt ist, also sehr nahe die Gestalt einer Kugel hat.

Dies wird auch durch andere Erfahrungen bestätigt: Die wiederholten, seit Magelhaens (1519) ausgeführten Reisen um die Erde haben bewiesen, daß die Erde ein geschlossener Körper ist; die Bemerkung, daß von hohen und entfernten Gegenständen, welchen man sich nähert, zuerst nur die oberen Teile sichtbar sind, und daß diese Erscheinung überall auf der Erde stattfindet, zwingt zum Schlusse, daß die Erdoberfläche überall nach außen gewölbt ist. In allen ebenen Gegenden erscheint der Gesichtskreis kreisförmig; die Lichtstrahlen, welche von den am weitesten sichtbaren Gegenständen noch ins Auge gelangen, bilden also einen geraden Kreiskegel, welcher die Erde berührt. Bei keinem Körper außer der Kugel ist aber dies überall der Fall. Bei Mondfinsternissen (s. unten § 11) endlich wirft die Erde auf den Mond ihren Schatten, und da dessen Grenze bei allen Stellungen beider Gestirne stets kreisförmig erscheint, so ist jeder Umriß der Erde kreisförmig, sie selbst also jedenfalls sehr nahe eine Kugel.

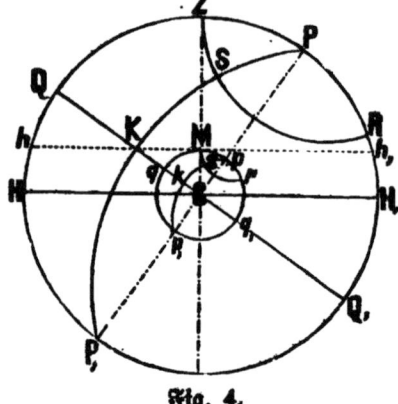

Fig. 4.

Es sei nun C in Fig. 4 der gemeinsame Mittelpunkt der Erde und der Himmelskugel, pqp_1q_1 der Umriß der Erde, PQP_1Q_1 der unendlich groß zu denkende Umriß der Himmelskugel. Der Horizont des Beobachters M ist die Berührungsebene hh_1 an die Erde. Wegen der großen Entfernung des Himmelsgewölbes, der gegenüber der Erdhalbmesser verschwindend klein ist, wird ein im

Horizont bei h stehender Stern vom Mittelpunkt C aus nach derselben Richtung bei H gesehen und umgekehrt. Man kann deshalb die parallel zu hh_1 durch den Erdmittelpunkt gelegte Ebene HH_1 ebensogut als Horizont von M betrachten, was bequemer ist, weil HH_1 die Himmelskugel in symmetrische Hälften teilt. Nur bei solchen Gestirnen, deren Abstand von der Erde zur Größe der letzteren in einem meßbaren Verhältnis steht, unterscheidet man den scheinbaren Horizont hh_1 von dem wahren HH_1.

Die Weltachse PP_1 trifft die Erdoberfläche in den Punkten p und p_1, dem Nordpol und dem Südpol der Erde. Der Durchmesser pp_1 ist die Erdachse. Die Ebene des Himmelsäquators QQ_1 schneidet die Erde nach dem Erdäquator qq_1. Die Ebenen der Deklinationskreise PQP_1, PSP_1 2c. schneiden die Erde nach den Erdmeridianen pqp_1, psp_1 2c. Jeder Deklinationskreis ist Himmelsmeridian für alle Erdorte, welche auf dem zu ihm gehörigen Erdmeridian liegen. Jedem Parallelkreis ZSR der Himmelskugel entspricht ein irdischer Parallel- oder Breitenkreis Msr, dessen Ebene parallel dem Erdäquator ist und von letzterem um so viel Grade absteht, wie der himmlische Parallelkreis vom Himmelsäquator.

Der Deklination ZQ eines Sterns auf dem Parallelkreis ZSR entspricht auf der Erde die geographische Breite Mq des Parallelkreises Msr. Alle Orte auf dem gleichen Parallel haben die gleiche geographische Breite, und aus Fig. 4 ergibt sich, daß die geographische Breite Mq eines Erdorts M gleich der Deklination ZQ seines Zenits ist, welchen beiden Bogen der ihnen gemeinsame Winkel ZCQ im Erdinnern entspricht. Da aber die Schenkel dieses Winkels senkrecht auf denen des Winkels

H_1 CP stehen, welcher Winkel gleich der Polhöhe von M ist, da die Richtung von M nach P wegen dessen unendlicher Entfernung parallel CP ist, so folgt: **Die geographische Breite eines Orts ist gleich seiner Polhöhe.**

Dem Stundenwinkel ZPS eines Sterns entspricht auf der Erde der Winkel Mps zwischen den Ebenen zweier Erdmeridiane, oder der Bogen qk des Äquators zwischen beiden Meridianen, welcher die geographische Länge des Erdorts s, überhaupt jedes Erdorts auf dem Erdmeridian $pskp_1$ heißt, wenn der Meridian $pMqp_1$ der Anfangs- oder Nullmeridian für die Zählung der Erdmeridiane ist. Die geographische Länge eines Erdmeridians ist demnach der Stundenwinkel zwischen den beiden Deklinationskreisen, welche in einem bestimmten Zeitpunkt mit den Ebenen des betreffenden Erdmeridians und des Nullmeridians zusammenfallen.

Da unter den irdischen Parallelkreisen der Erdäquator der größte ist, so zählt man die geographischen Breiten von ihm aus gegen die Pole zu, je von 0° bis 90° und kennzeichnet die nördlichen geographischen Breiten durch ein vorgesetztes Plus-Zeichen (+), die südlichen entsprechend durch das Minus-Zeichen (—).

Vom Nullmeridian ausgehend kann man einen anderen auf zwei verschiedene Weisen erreichen, indem man auf dem Äquator einerseits stets nach Osten, andererseits stets nach Westen vorrückend die Erde umkreist. Man muß daher zur Längenangabe eines Meridians immer die Richtung fügen, in welcher der Winkel gezählt ist. Man unterscheidet also östliche und westliche Längen und zählt die Winkel vom Nullmeridian entweder nach Osten oder nach Westen vorgehend von 0° bis 360°, oder nach Osten und Westen vorrückend für jede Richtung von 0° bis 180°. Hierbei pflegt man den östlichen Längen das

Plus=Zeichen (+), den westlichen das Minus=Zeichen (—) zu geben. Da unter den Meridianen keiner so ausgezeichnet ist, wie der Äquator unter den Breitenkreisen, so sind verschiedene Nullmeridiane angenommen worden. Solange Amerika noch nicht in Betracht kam, hat man den Nullmeridian durch den westlichsten damals bekannten Erdort, nämlich die Insel Ferro, gelegt, um nur östliche Längen zählen zu brauchen. Sobald dieser Grund nicht mehr stichhaltig war, schien es praktischer, den durch irgend eine der großen Sternwarten hindurchgehenden Meridian als Nullmeridian zu wählen. Die gebräuchlichsten Nullmeridiane sind jetzt die Meridiane von

	Geogr. Breite	Geogr. Länge von Ferro
Berlin	+ 52° 30′ 17″	+ 31° 3′ 28″
Greenwich	+ 51 28 38	+ 17 39 46
Paris	+ 48 50 11	+ 20 0 0
Washington . . .	+ 38 55 19	— 59 23 16

Dabei ist zu bemerken, daß der Meridian von Ferro 20° westlicher Länge von Paris angenommen wird, während die Insel, der er seinen Namen verdankt, eine Länge von — 20° 14′ 36″ von Paris hat.

Für irgend zwei Erdorte ist der Unterschied ihrer geographischen Breiten gleich dem Unterschied ihrer Polhöhen, denn die geographische Breite ist ja gleich der Polhöhe. Mißt man nun den Meridianbogen zwischen den Parallelkreisen beider Orte nach einem bekannten Längenmaß, z. B. nach Metern oder Toisen, so erhält man die Anzahl von Metern oder Toisen, welche auf einen Grad des Meridians gehen, und daraus durch Multiplikation mit 360 den Erdumfang unter Voraussetzung der Kugelgestalt.

Nach dieser Erwägung berechnete zuerst Aristoteles*) 340 v. Chr.) den Umfang der Erde zu 400000 Stadien, ndem er die Entfernung der Parallelen von Cypern und Ägypten zu grunde legte. Er kannte aber weder die Polhöhen der Parallelkreise genau, noch ihren Abstand, den er nur aus der Dauer von Seereisen schätzte. Genauer verfuhr Eratosthenes (175 v. Chr.). Er hörte, daß in Syene am längsten Tage die Sonne mittags den Boden eines tiefen Brunnens erleuchte, d. h. im Zenit stehe, während sie nach seiner Messung in Alexandria gleichzeitig $7\frac{1}{5}°$ vom Zenit abstand. Da er nun, gestützt auf die alte ägyptische Feldeinteilung, die nordsüdliche Entfernung Alexandria—Syene zu 5000 Stadien annahm, so kamen auf einen Polhöhenunterschied von $7\frac{1}{5}°$ 5000 Stadien, also auf 360° oder den Erdumfang 250000 Stadien.

Posidonius bestimmte (20 v. Chr.) den Breitenunterschied zwischen Rhodus und Alexandria durch gleichzeitige Beobachtungen des Sterns Kanopus, den Längenunterschied aus der Dauer von Seereisen und fand für den Erdumfang 240000 Stadien. Der Kalif Almamum, Sohn des Harun al Raschid, ließ (833 n. Chr.) durch die Astronomen Mohammed, Achmed und Al Hassan Ben Schakker in der Wüste Sandjar zwischen Sakka und Palmyra eine Strecke von etwa zwei Breitengraden mit der Meßkette messen und den Breitenunterschied astronomisch bestimmen; man fand den Erdumfang = 20400 arabischen Meilen, deren genaue Größe jedoch nicht bekannt ist. Der französische Arzt Jean Fernel maß (1525) die Strecke Paris—Amiens durch Zählung der Umdrehungen eines Rads und fand den Wert 20500000 Toisen zu 1 Meter 95 Centimeter.

---

*) Vergl. Sammlung Göschen Nr. 30. 2. Aufl. Kartenkunde.

Genauere Werte konnten erst erhalten werden, als man ein Mittel fand, um größere Strecken auf der Erde mit einiger Genauigkeit zu messen. Denn die unvermeidlichen kleinen Fehler, welche beim Aneinanderlegen von Maßstäben, sowie durch die verschiedene Temperatur der Stäbe, und endlich durch die Unebenheiten des Bodens entstehen, wachsen bei einer größeren Strecke unverhältnismäßig, während sich eine kleinere, nur einige Kilometer betragende Strecke mit allen Vorsichtsmaßregeln und in passend gewählter Gegend sehr genau messen läßt. Ebenso kann man die Winkel zwischen zwei Sehlinien mit Hilfe eingeteilter Kreise sehr scharf bestimmen, besonders seit Jean Picard (1664) das Fernrohr mit den Winkelmeßinstrumenten verbunden hat.

Diese Umstände benützend, maß der Holländer Snellius bei Bestimmung des Bogens von Altmaar bis Bergen-op-Zoom nur eine kurze, in der Nähe des gesuchten Bogens liegende Grundlinie LM (Fig. 5), wählte zwischen den Endpunkten A und B seines Bogens eine Reihe weithin sichtbarer Punkte D, E, F, G 2c. und maß die Winkel in allen den Dreiecken, welche durch die Verbindung dieser Punkte untereinander sowie mit den Endpunkten des Bogens und der Grundlinie entstanden. Da nun ein Dreieck vollständig bekannt ist, wenn man eine Seite und zwei Winkel kennt, so

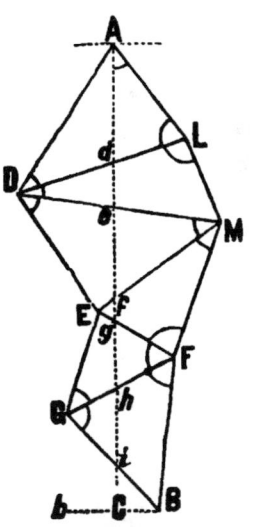

Fig. 5.

ließen sich im Dreieck LMD aus der gemessenen Grundlinie und den beiden gemessenen Winkeln bei L und D die anderen Seiten, LD und DM, berechnen. Daher waren auch in den benachbarten Dreiecken ADL und DME je eine Seite und zwei Winkel bekannt, wodurch AL und EM berechnet werden konnten, also auch das nächste Dreieck EMF u. s. w. Sind nun die Horizontalen durch A und Bb Teile der Parallelkreise für die Endpunkte des zu messenden Bogens und AC das zwischen diesen liegende Stück des Meridians von A, welches gemessen werden soll, so muß man in A noch den Winkel LAC kennen, welchen die Richtung des Meridians mit der Sehlinie nach L bildet. Dann läßt sich das Dreieck ALd berechnen. Durch Subtraktion der Seite Ld von der vorhin berechneten LD erhält man Dd, also das Dreieck Dde, ebenso in der Folge die weiteren Dreiecke Mef, Efg, Fgh, Ghi und das rechtwinklige Dreieck BiC. So erhält man schließlich durch Addition aller der Stücke Ad, de, ef u. s. w. den Bogen AC. Man nennt diese Methode die der Triangulation.

Snellius fand für 1^0 des Meridians die Länge von 57033 Toisen (noch ohne Anwendung des Fernrohrs), Picard durch Bestimmung der Strecke Amiens bis Paris 57057 Toisen.

Die Picardsche Messung wurde in den Jahren 1683, 1700, 1718 von Johann und Jakob Cassini, de la Hire und Maraldi durch ganz Frankreich fortgesetzt. Dabei ergab sich das unerwartete und mit später (im nächsten Paragraphen) anzuführenden theoretischen Erwägungen Newtons im Widerspruch stehende Resultat, daß aus den Messungen im Norden Frankreichs 56960 Toisen, aus den südlichen 57097 Toisen für den Meridiangrad erhalten wurden. Man mußte daraus schließen, daß die Krümmung der Erde keine ganz gleichförmige, also diese selbst keine genaue Kugel sei. Bei einer Fläche mit ungleicher Krümmung bedeutet aber ein Meridiangrad die

Strecke zwischen zwei nord-südlich entfernten Erdorten, deren Vertikallinien (welche nun nicht mehr alle nach dem Mittelpunkt der Erde gehen) im Innern der Erde einen Winkel von 1° miteinander bilden. Ist also diese Entfernung auf der Erdoberfläche kleiner, so schneiden die Vertikallinien einander schon in geringerer Tiefe unter dem Boden, d. h. die Erde ist an dieser Stelle stärker gewölbt als da, wo die Entfernung zwischen den Fußpunkten der Vertikallinien eine größere ist. Aus den Cassinischen Messungen hätte also gefolgert werden müssen, daß die Wölbung der Erde in den Gegenden am Äquator schwächer als an den Polen, oder daß die Erde von Pol zu Pol etwas in die Länge gezogen sei.

Diesem Schlusse stand nicht nur die Autorität Newtons gegenüber, sondern auch eine Erfahrungstatsache.

Richer fand nämlich (1672), daß seine in Paris genau regulierte Pendeluhr in Cayenne täglich um 2^m 28^s nachging und daß er das Pendel um $1\frac{1}{4}$ par. Linien verkürzen mußte, bis die Uhr wieder richtig ging. Da nun die Schwingungszeit eines Pendels wächst, wenn die Schwerkraft kleiner wird, oder wenn man sich vom Mittelpunkt der Erde entfernt, so folgte, daß die Gegenden am Äquator weiter vom Erdmittelpunkte abstehen als die Pole, oder daß die Erde an den Polen abgeplattet sei.

Um den Widerspruch zu lösen, begaben sich im Jahre 1735 Bouguer und de la Condamine nach Peru, Maupertuis und Clairaut nach Lappland, um je einen Meridiangrad zu messen. Die peruanische Messung ergab 56 734 Toisen, die lappländische 57 437 Toisen für den Meridiangrad. Damit war die schwächere Krümmung der polaren Gebiete, also die Abplattung der Erde an den Polen nachgewiesen.

Seither wurden zahlreiche Gradmessungen sowohl in der Richtung von Norden nach Süden, als in der

Richtung der Parallelkreise angestellt; außerdem wurde durch vielfache Beobachtungen der Länge von Sekundenpendeln die Größe der Abplattung zu bestimmen gesucht. Eine der berühmtesten Gradmessungen ist die in Frankreich zur Bestimmung einer neuen Maßeinheit, des Meters, unternommene, das $= \frac{1}{10000000}$ des Meridianquadranten werden sollte. Sie wurde 1792/98 von Méchain und Delambre durch Frankreich hindurch geführt und 1806/8 von Biot und Arago in Spanien fortgesetzt. Die von General Baeyer 1861 angeregte große europäische Gradmessung ist seit 1864 begonnen und noch nicht ganz durchgeführt.

Aus den bis zu seiner Zeit bekannten wichtigeren Gradmessungen leitete Bessel für die Gestalt und Größe der Erde folgende Resultate ab:

Die Oberfläche der Erde nähert sich am meisten einem an den Polen abgeplatteten Rotationsellipsoid (Sphäroid), von dem sich aber die wirkliche Erdoberfläche (Geoid) in einzelnen Teilen entfernt, indem das Geoid gegenüber dem Sphäroid unregelmäßige Einbuchtungen und Ausbiegungen hat.

Nach Bessel haben die große Halbachse der Meridianellipse, d. h. der Äquatorhalbmesser (a), die kleine Halbachse der Meridianellipse, d. h. der Polarhalbmesser (b), die Länge des Erdquadranten vom Pol zum Äquator (q), die Abplattung $\frac{a-b}{a} = \alpha$ folgende Werte:

	in Toisen	in Metern
a =	3 272 077,14	6 377 397,154
b =	3 261 139,33	6 356 078,962
q =	5 131 179,81	10 000 855,764

$$\alpha = 1 : 299{,}153$$

Gestalt und Größe der Erde.

Der Meter wurde von der französischen Kommission festgesetzt zu 443,296 par. Linien, nach Bessels Zahlen sollte er aber 443,334 par. Linien haben, also ist der Meter nicht der 10 millionste Teil des Erdquadranten.

Unter Benützung der neuesten Gradmessung berechnete Clarke nach der Besselschen Methode die Dimensionen des Erdsphäroids neu und fand a = 6 378 250 m, b = 6 356 516 m, α = 1 : 293,5. T. F. von Schubert zeigte auch, daß die Resultate der letzten Längengradmessungen sich durch die Annahme erklären lassen, die Erde sei ein dreiachsiges Ellipsoid, dessen kürzeste Achse (der Polarhalbmesser) = 6 356 388 m, während der längste Äquatorhalbmesser 6 378 380 m und der kürzeste Äquatorhalbmesser 6 377 915 m nach den neuesten Rechnungen von Clarke betragen würde. Eine definitive Entscheidung über die wahre Gestalt der Erde läßt sich gegenwärtig noch nicht treffen. Als Mittel aus den Beobachtungen von Pendelschwingungen hat sich für die Abplattung der Wert 1 : 285 ergeben.

Die neuerdings in ausgedehnter Weise vorgenommenen Pendelbeobachtungen dienen nicht sowohl zur Ermittlung der ganzen Gestalt der Erde, als vielmehr zur Bestimmung lokaler Abweichungen des Geoids vom Sphäroid.

Bei einem Sphäroid gehen, wie oben bereits erwähnt, die Vertikallinien der Oberflächenpunkte nicht mehr alle durch den Mittelpunkt, wie das bei der Kugel der Fall ist; daher liegt auch der Scheitel des Winkels, der oben als geographische Breite definiert wurde, im allgemeinen nicht im Mittelpunkt der Erde. Fig. 6 stellt einen Querschnitt

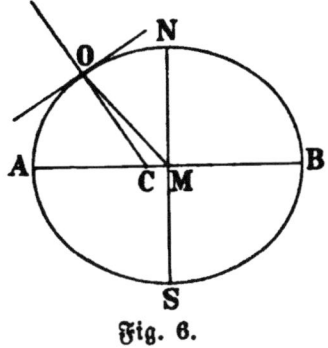

Fig. 6.

durch die Erde längs einer Meridianebene dar mit absichtlich stark übertriebener elliptischer Gestalt, NS ist die Rotationsachse, AB der Durchschnitt mit der Äquatorebene der Erde. Errichtet man in der Berührungsebene an das Sphäroid im Punkt O die Vertikallinie, so geht diese nicht durch den Erdmittelpunkt M, sondern trifft die Erdäquatorebene im Punkte C. Winkel OCA ist die geographische Breite, während man Winkel OMA, welchen also der nach O gezogene Erdradius OM mit der Äquatorebene bildet, als geozentrische Breite des Ortes O bezeichnet. Geographische und geozentrische Breite sind nur für die Erdorte am Äquator und an den Polen einander gleich. — Von den oben angegebenen Größen ist also in Fig. 6 NM = MS = b, AM = MB = a und NB = BS = SA = AN = q. —

Neuerdings ist zuerst durch Küstner konstatiert worden, daß die Rotationsachse der Erde, wahrscheinlich weil die Verteilung der Masse auf der Erde keine ganz gleichmäßige ist, keine absolut stetige Lage im Raum hat, sondern um eine Mittelachse regelmäßige Schwankungen ausführt, welche natürlich von den Vertikallinien der verschiedenen Erdorte in ganz entsprechender Weise mitgemacht werden. Die Winkeldifferenz zwischen den beiden äußersten Lagen der Erdachse beträgt etwa eine halbe Bogensekunde, ist also so klein, daß sie nur durch die genauesten Messungen konstatiert werden kann.

Eine geographische Meile ist der 15. Teil eines Äquatorgrads, oder der 5400. Teil des Äquatorumfangs = $3807\frac{1}{4}$ Toisen = 7420,4385 m. Daher ist der Äquatordurchmesser AB (Fig. 6) 1719 geogr. Meilen, der Polardurchmesser NS 1713 geogr. Meilen. Eine Seemeile ist der 60. Teil eines Meridiangrads am Äquator = 1852,01 m.

§. 3. Achsendrehung der Erde.

Die Erscheinung der täglichen Umdrehung der Himmelskugel um eine feste Achse in der Richtung von Osten nach Westen läßt sich auch dadurch erklären, daß man annimmt, das Himmelsgewölbe stehe fest, und die Erde drehe sich in 24 Stunden um dieselbe Achse einmal in der Richtung von Westen nach Osten. Wir leben also dann in der gleichen Täuschung, wie wenn man sich in einem schnell dahinfahrenden Eisenbahnzug befindet und die Gegend auf sich zukommen sieht.

Für diese Annahme sprechen zunächst Wahrscheinlichkeitsgründe: Es ist kaum denkbar, daß alle die unermeßlich weit entfernten, an Größe die Erde meist weit übertreffenden Himmelskörper um die Erde als Mittelpunkt sich drehen sollten, wobei sie so große Kreise in 24 Stunden beschreiben würden, daß ihre Geschwindigkeit gar nicht mehr vorstellbar wäre. — Sodann gibt es aber für die durch Gradmessungen und Pendelbeobachtungen erwiesene Abplattung nur die eine mechanische Erklärung, daß zu einer Zeit, wo die Erde sich noch in einem weichen Zustande befand, die Teilchen am Äquator durch die bei der Achsendrehung der Erde sich entwickelnde Fliehkraft weiter hinaus getrieben wurden, weil diese Fliehkraft, welche der Schwere entgegenwirkt, um so größer ist, je weiter ein Teilchen von der Drehachse entfernt ist. Umgekehrt hatte Newton aus der als sicher angenommenen Achsendrehung der Erde die Abplattung gefolgert.

Durch eine Reihe feinerer Experimente wird aber die Wahrscheinlichkeit der Achsendrehung der Erde zur Gewißheit erhoben:

1) Bei den Pendelbeobachtungen zeigte sich, daß die Schwingungszeit eines und desselben Pendels mit Annäherung an den Äquator sich verlangsamte, daß aber

diese Änderung der Schwingungszeit nicht übereinstimmte mit den aus den Gradmessungen bekannten Änderungen der Erdhalbmesser und der damit zusammenhängenden Abnahme der Schwerkraft vom Pol gegen den Äquator. Es muß also noch eine zweite Ursache vorhanden sein, welche der Schwerkraft entgegenwirkt und die Schwingungen des Pendels verlangsamt, und zwar am Äquator in weit stärkerem Maße als gegen die Pole hin. Diese Verminderung der Schwere beträgt am Äquator $\frac{1}{288}$, unter dem 60. Breitengrad $\frac{1}{1200}$ der Schwere. Man hat nun unter Voraussetzung der Achsendrehung diejenigen Beträge berechnet, um welche unter jedem Breitengrad die Schwere durch die Fliehkraft vermindert wird, und die gleichen Beträge gefunden, von denen eben Beispiele gegeben wurden. Damit ist die Achsendrehung bewiesen.

2) Wenn die Erde sich von Westen nach Osten gleichmäßig dreht, so nimmt jeder irdische Körper an der Bewegung teil und hat eine westöstliche Geschwindigkeit, welche um so größer ist, je weiter der Körper von der Drehachse absteht, von welcher man aber deshalb nichts merkt, weil auch die Umgebung die gleiche Umdrehungsgeschwindigkeit hat. Wenn aber z. B. eine Kugel aus großer Höhe zu Boden fällt, so hat sie beim Beginn des Fallens eine größere westöstliche Geschwindigkeit als der Boden, weil sie weiter von der Erdachse entfernt ist. Diese größere Umdrehungsgeschwindigkeit behält sie während des Fallens bei. Deshalb wird der Boden hinter der Kugel etwas zurückbleiben, oder die Kugel wird im Sinne der Bewegung, d. h. gegen Osten, von der Vertikallinie abgelenkt erscheinen. Versuche, welche von Guglielmini (1792), Benzenberg (1804) und Reich

(1831) in hohen Türmen und tiefen Schächten angestellt wurden, haben gezeigt, daß diese scheinbare Abweichung fallender Körper gegen Osten mit der Theorie außerordentlich nahe übereinstimmt.

3) Den augenfälligsten Beweis für die Umdrehung der Erde hat Foucault im Jahre 1851 durch den experimentellen Nachweis der scheinbaren Drehung der Schwingungsebene eines frei schwingenden Pendels erbracht:

Wenn eine schwere Kugel an einem langen Drahte so aufgehängt ist, daß der Haken sich im Aufhängungspunkt frei drehen kann, so ist kein Grund vorhanden, welcher die Kugel, wenn sie einmal in einer Ebene hin und her schwingt, aus dieser bringen sollte. Läßt man also unter einem solchen Pendel eine große Scheibe sich gleichmäßig von West nach Ost drehen, so wird für einen auf der Scheibe befindlichen Beobachter, der von seiner eigenen Bewegung nichts merkt, die Pendelebene scheinbar in entgegengesetzter Richtung von Ost nach West abzuweichen scheinen. Das gleiche wäre der Fall, wenn ein Pendel gerade über dem Nordpol sich befinden würde; wenn die Erde sich in 24 Stunden von West nach Ost dreht, so muß die Pendelebene in der gleichen Zeit von Ost nach West eine gleichmäßige scheinbare Umdrehung vollenden. Wenn dagegen am Äquator ein Pendel etwa in der Richtung des Meridians schwingt, so wird dasselbe zwar von der sich drehenden Erde mitgenommen, aber die Richtung der Pendelbewegung wird die gleiche bleiben wie die Richtung des Meridians, weil am Äquator die Tangenten aller Meridiane dieselbe Richtung haben, nämlich senkrecht zum Äquator stehen, und weil diese Richtungen zugleich diejenigen der Tangenten an die Flugbahn des Pendels in seinem tiefsten Punkte sind.

Läßt man aber an einem zwischen dem Äquator und dem Pole gelegenen Orte ein Pendel von Süden nach Norden schwingen, so daß die Tangente an die Flugbahn anfänglich mit der Tangente an den Meridian zusammenfällt (Fig. 7 die Tangente an den Bogen NW), oder mit anderen Worten, so daß die Schwingungsebene des Pendels mit der Ebene des Meridians zusammenfällt, so wird nach einiger Zeit die Pendelebene nicht mehr mit der Ebene des Meridians zusammenfallen, sondern mit ihrem nördlichen Teile gegen Osten abgewichen erscheinen.

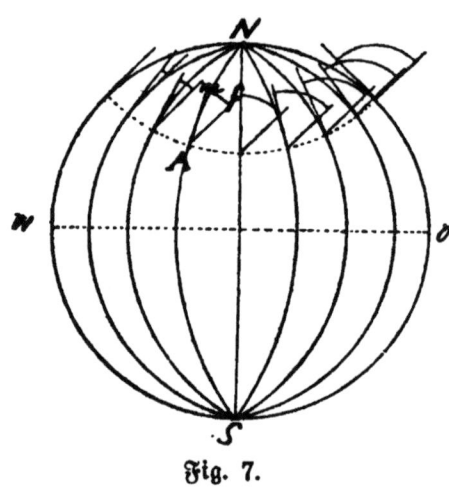

Fig. 7.

Beim Versuch stellt sich das so dar, daß die Flugbahntangente mit der Tangente an den Meridian einen Winkel einschließt, der z. B. in dem durch A gelegten Meridian (siehe Fig. 7) gleich mAf ist. In Wahrheit ist die Flugbahntangente der ursprünglichen Schwingungsebene und, da diese mit der Meridianebene NW zusammenfiel, der Meridianebene NW parallel geblieben, muß also mit der Meridianebene NA einen Winkel einschließen. Genaue Rechnung zeigt, daß der Winkel, um welchen sich in 24 Stunden die Pendelebene scheinbar dreht, zu 360° sich sehr nahe verhält, wie der Abstand zwischen den Ebenen des Parallelkreises und des Äquators zum Erdhalbmesser, was für Leipzig z. B. einen Winkel von rund 280° ergibt.

Dieses Gesetz ist durch alle seither angestellten Versuche bestätigt worden. Die Foucaultschen Pendelversuche sind im Jahre 1902 im Pantheon in Paris genau in ihrer ursprünglichen Anordnung wiederholt worden.

§ 4. Von der Atmosphäre.*)

Die Erde ist ringsum von einer Hülle umgeben, bestehend aus einem schweren, elastischen, durchsichtigen Gemenge von Gasen, der Luft, zu welcher dann noch verschiedene Dämpfe und feinverteilte Flüssigkeiten kommen. Diese Hülle heißt Atmosphäre.

Die Untersuchung der Vorgänge in der Atmosphäre ist Aufgabe der Meteorologie; hier sollen nur diejenigen Eigenschaften der Luft kurz erwähnt werden, welche für die Astronomie von Bedeutung sind:

Wegen ihrer Elastizität ist das Gewicht einer bestimmten Luftmenge von dem auf ihr lastenden Drucke abhängig, welcher mittelst des Barometers durch die Höhe einer ihm das Gleichgewicht haltenden Quecksilbersäule gemessen wird.

An der Meeresoberfläche beträgt der Luftdruck im Mittel 760 mm Quecksilberhöhe. Das spezifische Gewicht**) der Luft bei diesem Druck und bei 0° Celsius ist 0,001293 oder $\frac{1}{773}$. Da das spezifische Gewicht des Quecksilbers 13,59 ist, so würde die Tiefe des Luftmeers, unter der falschen Voraussetzung, daß es überall gleiche Dichte und gleiche Temperatur hätte: $773 \cdot 13,59 \cdot 760$ mm $= 7984$ m betragen. Da aber die Luft elastisch ist, so werden die unteren Teile der Atmosphäre von den oberen zusammengedrückt, die letzteren sind spezifisch leichter. Nach dem Gesetze von Mariotte nimmt die

---

*) Siehe auch: Sammlung Göschen Nr. 26 Physische Geographie und Sammlung Göschen Nr. 54 Meteorologie.
**) Bekanntlich das Gewicht eines bestimmten Volumens irgend einer Substanz gegen ein gleich großes Volumen Wasser von 4° Celsius Temperatur.

Dichte der Luft bei gleicher Temperatur um das Gleichvielfache ab, wenn die Höhe über dem Boden um gleichviel zunimmt. In den unteren Schichten beträgt die Abnahme des Drucks 1 mm Quecksilberhöhe auf 10 m Erhebung.

Die Luft ist nicht vollkommen durchsichtig, sondern sie wirkt wie ein trübes Medium, d. h. sie absorbiert, reflektiert und zerstreut einen Teil des auf sie fallenden Lichts. Je nach dem Zustande der Luft, d. h. nach ihrem Feuchtigkeitsgehalt, Druck und Temperatur, ist die Wirkung der Luft auf die im weißen Lichte vorhandenen Farben verschieden stark, daher rührt die blaue Färbung des Himmels, das Abend- und Morgenrot u. a. m.

Eine Folge der Reflexion des Lichts an den Luftteilchen ist die Dämmerung. Wenn die Sonne schon unter dem Horizonte sich befindet, so werden wegen der Krümmung der Erde noch die oberen Luftschichten erleuchtet, und diese reflektieren einen Teil dieses Lichts nach allen Seiten, wodurch längere Zeit nach Sonnenuntergang und vor Sonnenaufgang eine allgemeine Helle entsteht.

Aus der Dauer der Dämmerung, sowie aus der Höhe von Sternschnuppen (s. w. unten) hat man gefolgert, daß die Atmosphäre bis zu einer Höhe von 180 km hinaufreicht, eine Zahl, die noch sehr der Bestätigung bedarf.

Wenn ein Lichtstrahl durch die Trennungsfläche zweier verschiedener durchsichtiger Körper hindurchgeht, so wird er an dieser Trennungsfläche von seiner Richtung abgelenkt, „gebrochen", nach folgenden Gesetzen: der ankommende und der gebrochene Lichtstrahl liegen in einer zur Trennungsfläche senkrechten Ebene; im optisch dichteren Körper bildet der Strahl einen kleineren Winkel mit der

Von der Atmosphäre.

Senkrechten zur Trennungsfläche, als im dünneren Körper; in Gasen ist die Brechung um so stärker, je dichter sie sind.

Der Brechung unterliegen die Lichtstrahlen auch bei dem Durchgang durch die Atmosphäre, und man nennt diese Erscheinung die Refraktion. In Fig. 8 sei ECE ein Stück der Erdoberfläche, über welcher die Luft in parallelen Schichten so gelagert ist, daß in jeder Schicht konstante Dichtigkeit herrscht, diese Dichtigkeit aber für jede in der Richtung

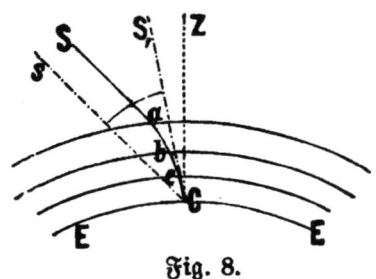

Fig. 8.

von C nach dem Zenit Z folgende Schicht etwas geringer ist. Wenn ein Lichtstrahl aus dem leeren Raum in der Richtung Sa an der Grenze der Atmosphäre ankommt, so wird er in der Richtung ab gebrochen, welche mit der Vertikallinie einen kleineren Winkel macht als Sa. Da er aber in immer dichtere Luftschichten kommt, so wird er jedesmal wieder gebrochen und der Vertikallinie genähert, so daß sein ganzer Weg durch die Lufthülle eine gegen die Vertikallinie des Beobachters bei C, wo der Lichtstrahl ankommt, ausgebauchte krumme Linie ist. Zieht man durch C die Parallele Cs zur ursprünglichen Richtung des Strahls und in C die Tangente CS_1 an seinen Weg durch die Luft, so sieht man den Stern statt in der Richtung Cs, wie es ohne Atmosphäre der Fall wäre, in der Richtung CS_1 näher dem Zenit. Der Winkel $S_1 Cs$, um welchen der scheinbare Ort des Sterns höher ist als der wahre, heißt die astronomische Refraktion. Sie ist für einen Stern im Zenit gleich Null, am größten, nämlich durchschnittlich 35 Bogenminuten, im Horizont, in der Höhe von 44° noch 1'. Die Refraktion ist nicht nur von der

Höhe abhängig, sondern auch vom Druck und von der Temperatur der Luft. Diejenige Refraktion, welche bei einer bestimmten Temperatur und einem bestimmten Luftdruck (nach Bessel 9,3° C und 751,5 mm) stattfindet und also nur von der Höhe abhängt, heißt die mittlere Refraktion. In den astronomischen Kalendern sind Tabellen enthalten, welche für jede scheinbare Höhe die mittlere Refraktion, sowie deren Korrektionen für einen andern als den mittleren Druck und Wärmegrad angeben.

Wegen der starken Refraktion im Horizont sieht man in ebenen Gegenden die Sterne ein wenig über dem Horizont, wenn sie in Wirklichkeit noch nicht aufgegangen oder schon untergegangen sind. Da der scheinbare Durchmesser von Mond und Sonne ungefähr $1/2°$ beträgt, also nur etwas weniger als die Horizontalrefraktion, so beginnt der wirkliche Aufgang von Sonne und Mond (endigt der wirkliche Untergang), wenn der scheinbare Aufgang gerade vollendet ist (der scheinbare Untergang erst beginnt). Infolge davon ist der Tag um die doppelte Aufgangszeit, also im Mittel um $6 1/2$ Minuten länger.

Tabelle der mittleren Refraktion.

Scheinbare Höhe	Refraktion	Scheinbare Höhe	Refraktion
0	34' 54"	7°	7' 20"
30'	29' 4"	8°	6' 30"
1°	24' 25"	9°	5' 49"
2°	18' 9"	10°	5' 16"
3°	14' 15"	11°	4' 48"
4°	11' 39"	12°	4' 25"
5°	9' 46"	15°	3' 32"
6°	8' 23"	20°	2' 37"

Von der Atmosphäre.

Scheinbare Höhe	Refraktion	Scheinbare Höhe	Refraktion
25°	2′ 3″	60°	33″
30°	1′ 40″	65°	27″
35°	1′ 22″	70°	21″
40°	1′ 9″	75°	15″
45°	0′ 58″	80°	10″
50°	48″	85°	5″
55°	40″	90°	0″

Eine andere Wirkung ist die scheinbar elliptische Gestalt der Sonnen- und Mondscheibe in der Nähe des Horizonts. Habe beispielsweise der Mittelpunkt der Sonne die Höhe von 5° und betrage ihr scheinbarer Halbmesser 16′ 2″, so wäre:

wirkliche Höhe des Oberrands: 5° 16′ 2″ Refraktion 9′ 22″
„ „ „ Unterrands: 4° 43′ 58″ „ 10′ 14″
Unterschied . . 52″

Der vertikale Sonnendurchmesser erscheint also um 52″ verkürzt, während der horizontale durch die Refraktion nicht verändert wird, daher erscheint die Sonnen-(Vollmond-)Scheibe in vertikaler Richtung plattgedrückt. Bei Sonnenuntergang ist dieser Betrag scheinbarer Abplattung noch viel erheblicher und steigt gelegentlich bis zu $1/6$ des Sonnendurchmessers an; außerdem treten dabei gewöhnlich noch starke Verzerrungen der Sonne auf, welche diese nicht einmal mehr als ovale Scheibe erscheinen lassen. Diese Verzerrungen sind Wirkungen einer regellosen Strahlenbrechung, wie sie durch die in den untersten Luftschichten häufig herrschenden starken Temperatur- und Dichtigkeitsunterschiede bedingt wird.

Zweites Kapitel.
Jährliche Bewegung.

§ 5. Scheinbare Bewegung der Sonne.

Während die meisten Sterne ihren Ort am Himmelsgewölbe nicht ändern und mit demselben den täglichen scheinbaren Umlauf vollenden, wie wenn sie an ihm angeheftet wären, also immer dieselbe gegenseitige Entfernung haben, scheint die Sonne ihren Stand unter den übrigen Himmelskörpern fortwährend zu ändern. Man bemerkt dies schon daran, daß diejenigen Sterne, welche kurz vor Sonnenaufgang am östlichen Himmel in der Nähe der Stelle aufgehen, wo nachher die Sonne sich erhebt, nicht immer dieselben sind, sondern nach einigen Wochen schon ziemlich weit über dem Horizont sich befinden, wenn die Morgendämmerung beginnt; ebenso gehen immer wieder andere, vorher weiter östlich befindliche Sterne in der Abenddämmerung in der Nähe der Stelle unter, wo vorher die Sonne untergegangen war. Genauer kann man diese Ortsveränderung der Sonne untersuchen, wenn man an verschiedenen Tagen mit einer Uhr die Zeiten bestimmt, zu welchen bestimmte Sterne und die Sonne ihren höchsten Stand erreichen oder durch den Meridian gehen, und wenn man gleichzeitig die Höhe mißt, welche bei dem Durchgang durch den Meridian der Mittelpunkt der Sonnenscheibe hat. Man findet dann, daß der Unterschied der Durchgangszeiten für die Sonne einerseits und jeden der gewählten Sterne andererseits täglich um etwa 4 Minuten in Zeit oder etwa 1° in Bogen zunimmt. Die Sonne bewegt sich also unter den Sternen in einer der scheinbaren täglichen Bewegung entgegengesetzten Richtung, nämlich von West nach Ost. Auch die Deklination, welche man erhält, wenn man von der gemessenen Mittagshöhe der Sonne die Äquatorhöhe abzieht (§ 1), ändert sich fortwährend.

Trägt man nun auf einem Himmelsglobus die für jede obere Kulmination der Sonne in der eben beschriebenen Weise ermittelte Stellung der Sonne unter den Fixsternen ein, so findet man, daß 365 solcher an aufeinanderfolgenden Tagen erhaltenen Sonnenpositionen einen größten Kreis auf dem Himmelsgewölbe ausmachen, welcher also einen vollen Umlauf der Sonne am Himmel darstellt. Diese so gefundene Sonnenbahn heißt die **Ekliptik** und schneidet den Himmelsäquator, weil sie wie dieser ein größter Kreis am Himmel ist, in zwei genau gegenüberliegenden Punkten.

Der Winkel, welchen die Ebene der Ekliptik mit der des Äquators bildet, heißt die **Schiefe der Ekliptik**; sie beträgt 23° 27'.

Wegen der schiefen Lage der Ekliptik gegen den Äquator befindet sich die Sonne bald über dem Äquator, d. h. auf der nördlichen Himmelshalbkugel, bald unter demselben. Im ersteren Falle ist für die Bewohner der nördlichen Gegenden ihr Tagbogen länger als ihr Nachtbogen, im zweiten Falle ist ihr Tagbogen der kürzere.

Wenn die Sonne im Äquator steht, in den Punkten, wo die Ekliptik den Äquator schneidet, wenn sie also von der südlichen Halbkugel auf die nördliche oder umgekehrt übergeht, so sind Tag und Nacht auf der ganzen Erde einander gleich. In diesen Punkten befindet sich die Sonne am 20. März und 22. Sept., man nennt sie die (Frühjahrs= und Herbst=) **Tag= und Nachtgleichen** oder **Äquinoktien**. Die zwischen den Äquinoktien in der Mitte liegenden Punkte, wo die Deklination der Sonne ihren größten nördlichen oder südlichen Betrag hat, wo also die Tageslänge vom Wachstum in die Abnahme oder umgekehrt übergeht, nennt man die (Sommer- oder Winter-) Solstitien. In ihnen befindet sich die Sonne am 21. Juni und 21. Dezember.

Da der Frühlingspunkt ein fester Punkt des Äquators ist, also von allen Sternen mit gleichbleibender gegenseitiger Entfernung stets den gleichen Abstand hat, so benützt man ihn als Anfangspunkt für die Zählung der verschiedenen Deklinations- oder Stundenkreise.

Die Figur 9 stellt den sichtbaren Teil des Himmels-

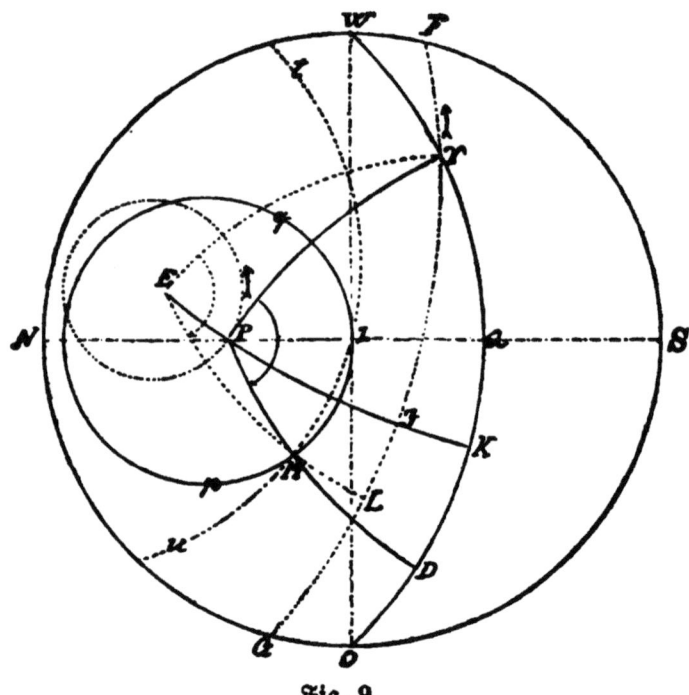

Fig. 9.

gewölbes, vom Nadir aus gesehen, dar, so daß man zur Orientierung die ganze Figur so über den Kopf halten muß, daß S nach dem Südpunkt weist. SONW ist der Horizont mit der Mittagslinie SN und der Ost-Westlinie OW, P der Nordpol, OQW der sichtbare Teil des Äquators, ♈ der Frühlingspunkt, M ein Stern auf dem Parallelkreis pMq, die Kreisbogen P♈ und PMD sind die Deklinationskreise des Frühlingspunktes und des Sternes.

Bogen MD ist die Deklination des Sternes. Man nennt den Winkel ♈PD zwischen dem Deklinationskreis des Frühlingspunktes und dem des Sternes, oder was dasselbe ist, den Äquatorbogen ♈D zwischen Frühlingspunkt und dem Fußpunkt des Deklinationskreises vom Stern die gerade Aufsteigung oder Rektaszension des Sternes und zählt dieselbe von 0° bis 360° vom Frühlingspunkt entgegengesetzt der täglichen Bewegung, also von Westen über Süden nach Osten. Nun ist aber ∡QPD der östliche, also negative Stundenwinkel des Sternes, und ∡QP♈ der westliche, also positive Stundenwinkel des Frühlingspunktes. Ohne Rücksicht auf die Vorzeichen hätte man beide Winkel zu addieren, um die Rektaszension des Sternes zu erhalten; da aber der erstere (nach § 1) das Minus-Zeichen hat, so muß man ihn von letzterem subtrahieren, um die Summe der absoluten Werte beider Winkel zu erhalten. Daraus ergibt sich die allgemeine Regel:

Die Rektaszension eines Sternes ist gleich dem Stundenwinkel des Frühlingspunktes, vermindert um den Stundenwinkel des Sternes unter strenger Beachtung der Vorzeichen dieser Winkel.

Statt die Lage eines Sternes in Bezug auf den Äquator mittelst Rektaszension und Deklination anzugeben, kann man sie auch, namentlich bei solchen Untersuchungen, in welchen die Bewegung der Sonne eine Rolle spielt, zur Ekliptik in Beziehung setzen.

In Fig. 9 stellt F♈G den über dem Horizonte liegenden Teil der Ekliptik dar, welcher im Frühlingspunkt den Äquator unter dem Winkel Q♈J gleich der Ekliptikschiefe schneidet. Errichtet man im Mittelpunkt der Ebene der Ekliptik eine Senkrechte auf derselben und verlängert diese beiderseitig, bis sie das scheinbare Himmelsgewölbe trifft, so nennt man diese Treffpunkte die Pole der Ekliptik, von denen der eine E — in Fig. 9 zu sehen — der nördliche Pol der Ekliptik heißt, weil er in der nördlichen Halbkugel des Himmels liegt; der andere heißt entsprechend der südliche. Alle durch diese beiden Pole gelegten größten Kreise heißen Breitenkreise und schneiden die Ekliptik senkrecht; die zu letzterer parallelen kleinen Kreise nennt man Breitenparallelen. In Fig. 9 ist EML ein Stück des zu Stern M gehörenden Breitenkreises, uMZt dagegen sein Breitenparallel. Der Bogen LM heißt die Breite des Sternes; dieselbe wird von der Ekliptik gegen deren beide Pole hin je von 0° bis 90° gezählt und demgemäß als nördliche (+) und südliche (—) Breite unterschieden. Der Bogen auf der Ekliptik zwischen dem Frühlingspunkt ♈ und L, dem Schnittpunkt zwischen Ekliptik und Breitenkreis des Sternes M, heißt die Länge des Sternes; dieselbe wird vom Frühlingspunkt auf der Ekliptik im gleichen Sinne wie die Rektaszensionen (also in Fig. 9 von ♈ nach J, L, G u. s. w.) von 0° bis 360° gerechnet. Außerdem hat man, wiederum vom Frühlingspunkt in gleichem Sinne vorgehend, die Ekliptik von alters her in zwölf Zeichen zu je 30° eingeteilt und diese nach den in der Nähe befindlichen Sternbildern benannt, deren Namen und Charaktere die folgenden sind: Widder ♈, Stier ♉, Zwillinge ♊, Krebs ♋, Löwe ♌, Jungfrau ♍, Wage ♎, Skorpion ♏, Schütze ♐, Steinbock ♑, Wassermann ♒,

Fische ℋ. Als mnemotechnisches Hilfsmittel dienen die Hexameter:

Sunt aries, taurus, gemini, cancer, leo, virgo,
Libraque, scorpius, arcitenens, caper, amphora, pisces.

Nach diesen Sternbildern heißt die ganze Himmelsgegend um die Ekliptik der Tierkreis oder Zodiakus.

Den durch die Äquinoktialpunkte gehenden Stunden- oder Deklinationskreis (in Fig. 9 P♈) nennt man den Kolur der Äquinoktien und den um 90° davon abstehenden den Kolur der Solstitien (Fig. 9 KJPE). Dieser letztere geht nicht nur durch die Solstitialpunkte, sondern naturgemäß auch durch die Pole der Ekliptik. Die auf den Ebenen des Äquators und der Ekliptik senkrecht stehenden Achsen müssen natürlich den gleichen Winkel von 23° 27' einschließen wie die beiden Ebenen; daraus folgt, daß in Fig. 9 Bogen EP = Bogen JK = der Schiefe der Ekliptik ist, und diese ist gleich der nördlichen oder südlichen Deklination der Sonne, wenn letztere in den Solstitien sich befindet (z. B. in J).

Die Lage eines Sternes kann nun auf vier verschiedene Arten zu den festen Ebenen am Himmel in Beziehung gesetzt werden:

in Bezug auf:	durch:
1) Horizont u. Südpunkt	Azimut und Höhe,
2) Äquator u. Meridian	Stundenwinkel u. Deklination,
3) Äquator u. Frühlingspunkt	Rektaszension u. Deklination,
4) Ekliptik u. Frühlingspunkt	Länge und Breite.

Man kann diese Bestimmungsstücke, welche man Koordinaten des Sternes heißt, ineinander überführen, wenn man die Lage der festen Ebenen gegeneinander kennt; dazu ist nötig: Polhöhe, Stundenwinkel des Frühlingspunktes und Schiefe der Ekliptik. Die unter 1) und 2) aufgeführten Koordinaten ändern sich jeden Augenblick für jeden Beobachtungsort, können aber direkt beobachtet werden; bei denen unter 3) und 4) ist das nicht möglich, doch sind dieselben für alle Erdorte und auf lange Zeiten für die Fixsterne die gleichen.

§ 6. Die verschiedenen Arten der Zeit.

Nach § 1 ist ein **Sterntag** die Zeit, welche das Himmelsgewölbe braucht, um sich einmal um seine Achse zu drehen, und diese Umdrehung beobachtet man durch die sogenannte erste oder tägliche oder gemeinschaftliche Bewegung der Gestirne. Daher kann man auch den Sterntag als die Zeit definieren, die zwischen zwei aufeinanderfolgenden oberen Kulminationen eines Fixsternes für einen Erdort verstreicht. Man teilt denselben in 24 Stunden Sternzeit und beginnt die Zählung derselben für alle unter einem Meridian liegenden Punkte der Erde mit dem Augenblicke, in welchem der Frühlingspunkt denselben passiert. Die Lage desselben ist zwar keine absolut feste (s. § 8), aber die Änderungen derselben sind so klein, daß sie hier nicht in Betracht kommen. Diese Zeiteinteilung ist die regelmäßigste der in der Natur begründeten und wird daher bei den astronomischen Beobachtungen und Berechnungen vorwiegend benutzt, verbietet sich aber für das bürgerliche Leben, weil sie mit dem Sonnenlauf im Widerspruch steht und dieser bestimmend für das gewöhnliche Leben ist. Man nennt nun die zwischen zwei aufeinanderfolgenden oberen Kulminationen der Sonne für einen Erdort verstreichende Zeit einen **wahren Sonnentag**, teilt diesen in 24 Stunden wahre Zeit und zählt 0^h, wenn die Sonne am höchsten steht. Nun ist aber die Geschwindigkeit der Sonne in der Ekliptik nicht immer von derselben Größe, sondern am größten ($1° 1' 10''$) am 1. Januar, wenn die Sonne eine Länge von 280⁰ hat, am kleinsten (57′ 12″) am 2. Juli, wo ihre Länge 100⁰ beträgt. Außerdem entsprechen auch gleichen Längenunterschieden wegen der Schiefe der Ekliptik nicht gleiche Unterschiede der Bogen auf dem Äquator, d. h. Differenzen der Stundenwinkel. Infolge davon sind die Sonnentage von ungleicher Länge und ungeeignet zur Zeitmessung. Man hat deshalb zur Regulierung der im bürgerlichen Leben gebräuchlichen Uhren eine ideale Sonne eingeführt, welche mit gleichförmiger Geschwindigkeit im Äquator umläuft in der gleichen Zeit, in welcher die wahre Sonne es in der Ekliptik tut, und welche am 1. Januar die gleiche Länge hat wie die wahre Sonne.

Diese fingierte Sonne heißt die mittlere, und die Zeit zwischen zwei aufeinanderfolgenden oberen Kulminationen derselben nennt man einen mittleren Sonnentag, der wiederum in 24 Stunden mittlere Zeit eingeteilt wird. Die Zählung derselben beginnt man im bürgerlichen Leben mit der unteren Kulmination der mittleren Sonne (d. h. Mitternacht) und rechnet zweimal 12 Stunden; die Astronomen aber fangen die Zählung der mittleren Zeitstunden mit der oberen Kulmination (d. h. Mittag) an und führen sie von 0^h bis 23^h durch. Daher ist also der bürgerliche Tag dem astronomischen mittleren Tage um 12 Stunden oder einen halben Tag voraus, d. h. von Mitternacht bis Mittag ist das bürgerliche Datum dem astronomisch gezählten um eins voraus, nach dem Mittag stimmen beide überein.

Den Unterschied zwischen mittlerer und wahrer Sonnenzeit nennt man Zeitgleichung. Diese gibt also an, um wieviel Minuten und Sekunden vor oder nach dem Meridiandurchgang der wahren Sonne eine nach mittlerer Zeit gehende Uhr Mittag zeigt. Die Zeitgleichung ändert sich von Tag zu Tag und ist viermal im Jahre Null, nämlich am 15. April, 14. Juni, 31. August und 24. Dezember; dazwischen erreicht sie folgende Maximalwerte: am 14. Mai — $3^m 50^s$, am 26. Juli $+ 6^m 16^s$, am 2. November — $16^m 19^s$ und am 10. Februar $+ 14^m 27^s$. Diese Zahlen sind nur Mittelwerte für den Meridian von Berlin und mit dem Vorzeichen angegeben, mit welchem sie an die z. B. aus den Ablesungen an einer Sonnenuhr gewonnene wahre Zeitangabe anzubringen sind, um die entsprechende mittlere Zeit zu erhalten. Da die Zeitgleichung nicht nur für die Orte verschiedener geographischer Länge, sondern auch in verschiedenen Jahren für dasselbe Datum etwas differiert, so entnimmt man sie am besten aus den astronomischen Kalendern des betreffenden Jahres, die ihren Wert für jeden Mittag angeben.

Die Beziehung zwischen Sonnenzeit und Sternzeit gibt folgende Überlegung: Geht die Sonne an irgend einem Tage gleichzeitig mit einem Stern S durch den Meridian eines Beobachtungsortes, so wird sie das am folgenden Tage nicht mehr tun, denn während der Zwischenzeit ist sie in ihrer Bahn etwas nach Osten vorgerückt. Wenn nun der Stern S am nächsten Tage in obere Kulmination kommt, so ist seit seiner letzten oberen Kulmination genau ein Sterntag vergangen; da aber die Sonne noch nicht im Meridian ist, sondern erst etwas später durch den Meridian geht oder mit andern Worten einen Sonnentag vollendet, so ist der Sonnentag länger als der Sterntag. Bei den folgenden oberen Kulminationen von Stern S und Sonne wird diese Zeitdifferenz immer größer werden, bis schließlich, wenn die Sonne einen ganzen Umlauf in ihrer Bahn am Himmel gemacht

Die verschiedenen Arten der Zeit.

hat und mit Stern S wieder gleichzeitig durch den Meridian geht, dieselbe genau einen vollen Tag beträgt.

Man nennt nun die Zeit, welche zwischen den zwei gleichzeitig erfolgenden Kulminationen von Sonne und Stern S, oder was dasselbe ist: die Zeit, welche verstreicht, bis die Sonne genau wieder den gleichen Platz unter den Sternen einnimmt, ein siderisches oder Stern=Jahr, dessen Länge (nach Hansen) 365,256 358 mittlere Sonnentage oder $365^d\ 6^h\ 9^m\ 9^s.33$ mittlere Zeit beträgt. Nimmt man statt des beliebigen Sternes S den Frühlingspunkt, so nennt man die Zeit, die zwischen zwei aufeinanderfolgenden Stellungen der Sonne im Frühlingspunkt verstreicht, ein tropisches Jahr, nach dessen Ablauf die Sonne zum gleichen Punkt der Ekliptik zurückgekehrt ist. Die Länge des tropischen Jahres ist aus bald zu besprechenden Gründen (§ 8) keine unveränderliche Größe, sondern nimmt in hundert Jahren etwa $0.^s6$ ab, ist außerdem geringer als die des siderischen Jahres, und betrug (nach Hansen) im Jahre 1800: 365,242 204 mittlere Sonnentage oder $365^d\ 5^h\ 48^m\ 46.^s43$ mittlere Zeit. Da — wie oben gezeigt — der Unterschied zwischen Sonnentagen und Sterntagen im Laufe eines Jahres zu vollen 24^h anwächst, so umfaßt ein tropisches Jahr 366,242 204 Sterntage, und daher ist

$$1\text{ mittlerer Tag} = \frac{366.242\,204}{365.242\,204}\text{ Sterntage}$$
$$= 1.002\,738\text{ Sterntage}$$
$$1\text{ Sterntag} = \frac{365.242\,204}{366.242\,204}\text{ mittlere Tage}$$
$$= 0.997\,270\text{ mittlere Tage}$$

oder

1 mittl. Tag = 1 Sterntag + 3^m $56^s{,}555$ Sternzeit,
1^h mittl. Zeit = 1^h Sternzeit + 0^m $9^s{,}9$ Sternzeit,
1 Sterntag = 1 mittl. Tag − 3^m $55^s{,}909$ mittl. Zeit,
1^h Sternzeit = 1^h mittl. Zeit − 0^m $9^s{,}8$ mittl. Zeit.

Die astronomischen Kalender geben Tabellen zur Verwandlung von mittleren Stunden in Sternstunden und umgekehrt, sowie die Sternzeit im mittleren Mittag. Die mittlere Zeit wird also gefunden: entweder aus der Sternzeit, wenn man die Sternzeit im mittleren Mittag kennt und die seitdem verflossenen Sternstunden in mittlere verwandelt, oder aus der Beobachtung des wahren Mittags, wenn man die Zeitgleichung kennt. Was über die Veränderlichkeit der letzteren oben gesagt ist, gilt auch für die Sternzeit im mittleren Mittag.

Während eines Sterntags muß die Meridianebene eines Ortes nacheinander mit allen Stundenkreisen von 0° bis 360° zusammenfallen, d. h. sie dreht sich in 24^h Sternzeit um einen Winkel von 360°, also in 1^h um einen solchen von 15°. Die Größe dieser Drehungswinkel kann man am einfachsten aus der verflossenen Sternzeit bestimmen, weshalb man dieselben am bequemsten in Zeit ausdrückt, indem man den Kreisumfang statt in 360° in 24^h einteilt. Dieses Zeitmaß wird statt des Bogenmaßes ausschließlich für Stundenwinkel und Rektaszensionen am Himmel und für geographische Längen auf der Erde gebraucht; zur leichteren Verwandlung dieser beiden Winkelmaße ineinander merke man

$1^h = 15°$, $1^m = 15'$, $1^s = 15''$
$1° = 4^m$, $1' = 4^s$, $1'' = 0{,}^s067$.

Die Sternuhr zeigt 0^h, wenn der Frühlingspunkt durch den Meridian geht, also ist Sternzeit der westliche Stundenwinkel des Frühlingspunktes; mit Rücksicht auf die oben gegebene Erklärung der Rektaszension ist daher die Rektaszension eines Sternes gleich dem Unterschied zwischen der Sternzeit und seinem westlichen Stundenwinkel; im Augenblick des Meridiandurchganges eines Sternes zeigt die Sternuhr seine Rektaszension an.

Entsprechend ist die wahre (mittlere) Zeit gleich dem westlichen Stundenwinkel der wahren (mittleren) Sonne.

Wenn die Kulmination der Sonne oder eines Sternes in einem östlich vom Nullmeridian gelegenen Meridian eintritt, so muß sich die Erde um einen bestimmten Winkel — nämlich die östliche geographische Länge des betreffenden Meridians — drehen, bis die Sonne oder der fragliche Stern im Nullmeridian kulminieren. Gibt man nun die geographische Länge statt in Bogenmaß in Zeitmaß an, so drückt die östliche (westliche) geographische Länge eines Ortes die Zeitdifferenz aus, um welche die Kulmination eines dieser Gestirne früher (später) erfolgt als im Nullmeridian. Da aber aus diesen Kulminationen die entsprechenden Zeiten für den betreffenden Meridian abgeleitet werden, so folgt daraus, daß die in Stunden und deren Unterabteilungen angegebene geographische Länge eines Meridians der Unterschied der Zeiten ist, die im gleichen Augenblicke in dem Meridian und im Nullmeridian herrschen, mögen das nun beiderseitig mittlere, wahre oder Sternzeiten sein. Wenn man also z. B. die in § 2 gegebenen Längen der hauptsächlichsten Nullmeridiane gegen Ferro in Zeitmaß verwandelt, so findet man, daß gegen die Zeit des Meridians von Ferro diejenige von Berlin um $2^h 4^m 14^s$, die von Greenwich $1^h 10^m 39^s$, die von Paris $1^h 20^m 0^s$ voraus ist, weil diese Orte östliche Länge haben, während die Zeit in Washington wegen dessen westlicher Länge $3^h 57^m 33^s$ hinter der von Ferro zurück ist. — Dann ist also die Zeit für alle

Orte, die 12^h westliche Länge haben, um 12^h gegen die des Nullmeridians zurück; da man aber dieselben Orte auch zu 12^h östlicher Länge annehmen kann, so folgt dann, daß ihre Zeit 12^h gegen die des Nullmeridians voraus ist. Daraus folgt, daß sich für diese Orte eine Zeitdifferenz von 24 Stunden oder einem Tag ergibt, je nachdem man ihre Länge als östliche oder westliche rechnet. Wenn daher die Seeleute den Meridian 180^0 $= 12^h$ Länge von Greenwich (dessen Meridian sie als Nullmerdian annehmen) durchkreuzen, so geben sie zwei aufeinanderfolgenden Tagen das gleiche Datum und den gleichen Wochentag, wenn sie von Westen nach Osten (von Asien oder Australien nach Amerika) fahren; beim Segeln in umgekehrter Richtung lassen sie ein Datum und einen Wochentag ausfallen.

Für jeden Meridian der Erde gilt also eine besondere Zeit, welche allen auf demselben liegenden Orten gemeinsam ist und deren Ortszeit genannt wird. Um im Verkehr die Differenz der Ortszeiten teilweise zu mildern, haben bisher in der Regel alle Orte eines Landes oder einer Provinz ihre Uhren nach derjenigen der Hauptsternwarte gerichtet. Für den internationalen Verkehr ist jedoch die immer noch große Differenz der Ortszeiten störend; deshalb haben gegenwärtig die meisten Staaten die sogenannte Zonenzeit eingeführt: Die ganze Erde ist durch Meridiane, welche je um 15^0 auseinanderliegen, in 24 Zonen eingeteilt. Innerhalb jeder Zone sind die Uhren nach der Zeit desjenigen Meridians gerichtet, der die Zone halbiert. Der mittlere Meridian der ersten Zone ist derjenige von Greenwich, derjenige der zweiten Zone geht durch Stargard in Pommern. Da zur zweiten Zone der größte Teil von Mitteleuropa gehört, so nennt man die Zeit der zweiten Zone die mitteleuropäische Zeit

Größe und Entfernung der Sonne. 47

(M. E. Z.); sie ist derjenigen von Greenwich um 1^h, derjenigen von Berlin um $6^m 25^s$, von Paris um $50^m 39^s,02$ voraus. Das Projekt, die mittlere Zeit von Greenwich als Weltzeit für die ganze Erde einzuführen, ist nicht zur Ausführung gelangt.

§ 7. Größe und Entfernung der Sonne.

In Fig. 10 ist E die Erde, S die Sonne; vom Erdmittelpunkt ist an die Sonne, vom Sonnenmittelpunkt an die Erde je eine Tangente gezogen (ER und ST);

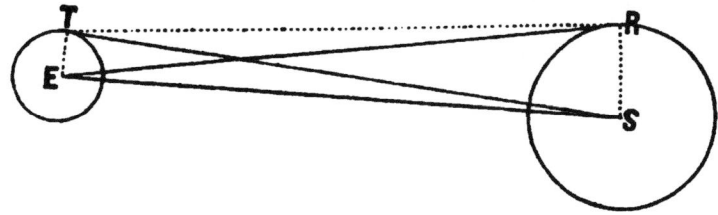

Fig. 10.

dann ist der Winkel RES, unter welchem der Halbmesser SR der Sonne von der Erde aus erscheint, der scheinbare Halbmesser der Sonne. Er beträgt (nach Auwers) im Mittel $15' 59'',63$. Daher folgt aus dem rechtwinkligen Dreieck ESR, daß der Abstand ES zwischen Sonne und Erde 214,9 mal größer ist, als der wirkliche Sonnenhalbmesser. Würde man nun noch den Winkel TSE kennen, unter welchem von der Sonne aus der Erdhalbmesser erscheint, und welchen man die Parallaxe der Sonne nennt, so würde man aus dem Dreieck SET auch das Verhältnis der Entfernung: Erde—Sonne zum Erdhalbmesser finden, und da der letztere bekannt ist, wäre auch die wahre Größe und die Entfernung der Sonne bekannt.

Die Sonnenparallaxe wurde nach der von Halley (1716) angegebenen Methode durch die Vorübergänge der Venus vor der Sonnenscheibe bestimmt und von Encke und später noch von andern wiederholt berechnet. Als wahrscheinlichster Wert dafür wird jetzt 8",80 angenommen.

Aus den amerikanischen Beobachtungen von 1882 hat Harkneß 8",842, aus den deutschen Beobachtungen von 1874 und 1882 Auwers die Zahl 8",880 und aus den englischen von 1882 Stone die Zahl 8",824 berechnet.

Die Art und Weise, wie aus diesen Vorübergängen der Venus zwischen Erde und Sonne die Sonnenparallaxe gefunden werden kann, zeigen die Figuren 11 und 12.

In Fig. 11 steht die Venus V zwischen der Erde E und der Sonne S; da ihre scheinbare Geschwindigkeit größer als die der Sonne ist, so sieht man sie als einen

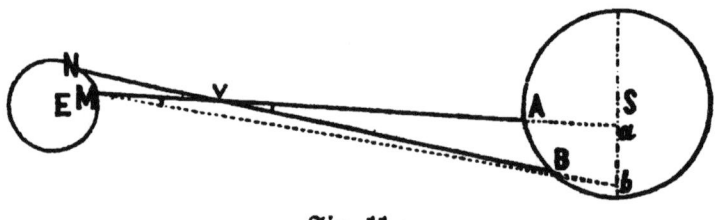

Fig. 11.

kleinen dunklen Fleck vor der hellen Sonnenscheibe vorüberziehen, und zwar in der Richtung von Ost nach West. Zwei verschiedene Beobachter M und N auf der Erde sehen die Venus an verschiedenen Stellen A und B auf der Sonne, welche Punkte von der Erde aus auf eine durch den Mittelpunkt der Sonne senkrecht zur Absehungslinie von der Erde gelegenen Ebene projiziert erscheinen, und zwar in a und b Fig. 11, aa_1 und bb_1 Fig. 12.

Die Zeiten, welche die Venus beim Vorübergang durch jede der beiden Sehnen aa_1 und bb_1 (Fig. 12) braucht, verhalten sich wie diese Sehnen selbst. Also kennt man das Verhältnis dieser Sehnen; man kann

Größe und Entfernung der Sonne.

mithin das Verhältnis ihres Abstandes zum Sonnenhalbmesser oder ihres scheinbaren Abstands a M b Fig. 11 zum scheinbaren Sonnenhalbmesser berechnen; den letzteren kennt man, also auch den Winkel a M b. Nun ist aber M V N der Winkel, unter welchem die irdische Strecke M N von der Venus aus gesehen wird, also ein bestimmter Teil der Venusparallaxe, d. h. des Winkels, unter welchem der ganze Erdhalbmesser von der Venus aus erscheinen würde.

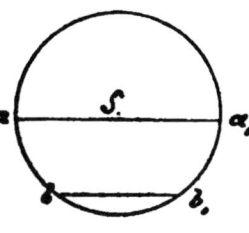

Fig. 12.

M b N ist der Winkel, unter welchem die gleiche Erdstrecke M N von der Sonne aus gesehen wird, also der gleiche Teil der ganzen Sonnenparallaxe, wie der Winkel M V N von der ganzen Venusparallaxe. Die Winkel M V N und M b N verhalten sich also wie die Venus- zur Sonnenparallaxe. Bei großen Entfernungen verhalten sich die Winkel, unter welchen dieselbe Strecke in verschiedenen Abständen gesehen wird, wie diese Abstände. Da man nun (vgl. das Kapitel über die Planeten) das Verhältnis des Venusabstandes zum Sonnenabstand kennt, so ist das Verhältnis der Winkel M V N und M b N bekannt; wegen des Dreiecks M V b ist ihr Unterschied der Winkel a M b, dessen Berechnung vorhin gezeigt wurde. Es lassen sich also jene Winkel berechnen, und damit die ganze Sonnenparallaxe.

Da die Resultate aus den Venusbeobachtungen nicht die erwartete Genauigkeit geliefert haben, so wendet man sich neuerdings anderen Bestimmungsarten der Sonnenparallaxe zu, indem man die Oppositionen einiger kleiner Planeten dazu benutzt.

Unter Zugrundelegung der Werte 8",80 für die Sonnenparallaxe, 15' 59",63 für den scheinbaren

Möbius, Astronomie.

Sonnenhalbmesser und des Wertes 6378,250 Kilometer für den Äquatorhalbmesser der Erde findet man:

Entfernung der Erde von der Sonne:
= 23439,18 × dem Erdhalbmesser = 149,50 Mill. km.

Sonnenhalbmesser:
= 109,05 × dem Erdhalbmesser = 695032,7 km.

Oberfläche der Sonne:
= 11891,5 × der Erdoberfläche = 6,079 Bill. □ km.

Inhalt der Sonne:
= 1296757 × dem Erdinhalt = 1,409 Trill. cubkm.

Die beiden letzten Vorübergänge der Venus haben am 8. Dez. 1874 und 6. Dez. 1882 stattgefunden, die beiden nächsten sind am 8. Juni 2004 und 6. Juni 2012 zu erwarten.

§ 8. Jährliche Bewegung der Erde.

Die Erscheinung der jährlichen Bewegung der Sonne um die Erde läßt sich auch dadurch erklären, daß die Sonne ruht, und daß die Erde alljährlich um die Sonne eine Bahn beschreibt von derselben Größe und Form und mit derselben Richtung und Geschwindigkeit, wie sie die Sonne um die Erde zu beschreiben scheint. Denn wenn nach der früheren, geozentrischen Auffassung (Fig. 13 rechts) die Sonne von S nach S_1 um die Erde

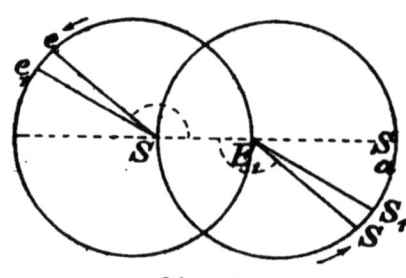

Fig. 13.

E gegen S_a hin den Winkel SES_1 beschreibt, so wird nach der jetzigen, heliozentrischen Anschauung (Fig. 13 links) die Erde e um die feste Sonne S den gleichgroßen Winkel eSe_1 in der gleichen Zeit und nach derselben Richtung hin beschreiben; die Radienvektoren der

Jährliche Bewegung der Erde.

Sonne ES, ES_1 im ersten Fall haben genau die entgegengesetzte Richtung der Radienvektoren der Erde Se, Se_1 im zweiten Fall; also sieht man von der Erde (E oder e_1) nach der Sonne (S_1 oder S) beide Male in der gleichen Richtung. Sei Sa der Frühlingspunkt, so ist Bogen S_aSS die Länge der Sonne, von der Erde aus gesehen; dagegen ist in der linken Bahn Bogen E_1e die Länge der Erde, von der Sonne aus gesehen. Nun ist aber, weil E_1S parallel Se ist, $\angle SE_1S$ gleich $\angle E_1Se$, ersterer ist aber gleich $\angle S_aE_1S$ (in der Richtung des Pfeiles gezählt) weniger $180°$, woraus sich der Satz ergibt:

Die geozentrische Länge der Sonne ist um $180°$ verschieden von der heliozentrischen Länge der Erde.

So wahrscheinlich die heliozentrische Ansicht ist, weil die Sonne (s. § 7 Schluß) über eine Million mal größer ist als die Erde, so stand ihr doch ein Bedenken gegenüber. Wenn nämlich die Entfernung der übrigen Sterne nicht eine ganz unfaßbar große ist, so müssen dieselben von zwei entgegengesetzten Punkten der Erdbahn aus, in welchen sich die Erde je nach einem halben Jahre befindet, und welche etwa 300 Millionen Kilometer voneinander entfernt sind, nach verschiedenen Richtungen hin gesehen werden, die beiden Sehlinien müssen einen Winkel miteinander bilden; welchen man die jährliche Parallaxe der Fixsterne heißt. Die Entdeckung einer solchen Parallaxe, welche sich wegen ihrer außerordentlichen Kleinheit — sie beträgt bei keinem Stern eine Bogensekunde — der Wahrnehmung durch weniger feine Meßinstrumente entzogen hatte, durch Struve und Bessel (1836 und 1839) bewies sowohl die heliozentrische Bewegung, als die ungeheure Entfernung der Sterne.

Beim Suchen nach einer solchen Fixsternparallaxe entdeckte dagegen Bradley in der ersten Hälfte des vorigen Jahrhunderts einen andern entscheidenden Beweis für die jährliche Bewegung der Erde, nämlich die Aberration des Lichts.

Olaus Römer fand nämlich 1675 durch Beobachtung von Verfinsterungen der Jupitersmonde, und direkte Versuche von Foucault, Fizeau und Cornu in unserem Jahrhundert bestätigten es, daß die Fortpflanzung des Lichts keine momentane sei, sondern daß es, um einen Weg von 300 000 km zu durchlaufen, eine Sekunde Zeit braucht, während die durchschnittliche Geschwindigkeit der Erde in ihrer Bahn ungefähr 30 km beträgt. Während also z. B. ein vom Pole der Ekliptik kommender Lichtstrahl vom oberen Ende eines nach jenem Punkte gerichteten Fernrohrs bis ans Augenende gelangt, beschreibt dieses mit der Erde einen kleinen Weg, welcher gleich dem zehntausendsten Teil der Fernrohrlänge ist. Damit nun der Lichtstrahl in der Richtung der Achse durch das Fernrohr gehen, also in der Mitte des Gesichtsfelds gesehen werden kann, muß das obere Ende um $\frac{1}{10000}$ der Fernrohrlänge gegen vorne geneigt werden, oder die scheinbare Richtung, nach welcher man den Stern sieht, macht mit der wahren einen Winkel von $20'',45$ (nach Struve) im Sinne der Erdbewegung. Der Pol der Ekliptik wird daher im Laufe des Jahres einen Kreis zu beschreiben scheinen, dessen scheinbarer Halbmesser $20'',45$ beträgt. Für einen der Ekliptik näheren Stern muß dieser Kreis zu einer Ellipse werden, deren große Achse von der Länge $2 \cdot 20'',45 = 40'',9$ parallel zur Ekliptik ist, während die andere Achse um so kleiner wird, je näher der Stern bei der Ekliptik steht.

Diese kleinen scheinbaren Bewegungen lassen sich an allen Sternen, deren gegenseitige Entfernungen dieselben bleiben, oder bei den sogenannten Fixsternen auch wirklich beobachten.

Die Erde hat also gleichzeitig zwei Bewegungen: während sie sich jährlich einmal, vom Nordpol der Ekliptik aus gesehen, von rechts nach links, entgegen dem Uhrzeiger, also von West nach Ost, um die Sonne bewegt, dreht sie sich täglich (in einem Sterntag) einmal in der gleichen Richtung um eine nach dem Nordpol des Himmels gerichtete Achse, welche mit der Senkrechten zur Ekliptik einen Winkel gleich der Ekliptikschiefe bildet und sich stets sehr nahe parallel bleibt.

Schon sehr früh erkannten die Menschen, daß die Bewegung der Sonne in ihrer Bahn am Himmel keine gleichmäßige, sondern bald schneller, bald langsamer sei, und da sie sich nicht denken konnten, daß sich ein Himmelskörper tatsächlich mit ungleichförmiger Geschwindigkeit bewege, so nahmen sie an, daß die Sonne in ihrer Bahn gleichmäßig schnell vorrücke, daß aber die Erde nicht im Mittelpunkt dieser Bahn stünde und von ihr aus daher die Bewegung der Sonne schneller erscheinen müsse, wenn die Sonne ihr nahe, langsamer, wenn sie ihr ferner sei. Unterstützt wurde diese Schlußfolgerung sehr wesentlich durch die Veränderung der scheinbaren Größe der Sonne, welche sich am ungezwungensten durch eine wechselnde Entfernung zwischen Erde und Sonne erklären ließ. Der scheinbare Halbmesser der Sonne ist am größten (16′ 15″,9), folglich steht sie der Erde am nächsten am 1. Januar, wenn zugleich ihre Geschwindigkeit am größten ist. Ihr Halbmesser hat den kleinsten Wert (15′ 43″,4), folglich ist ihr Abstand von der Erde am größten, wenn sie sich am 2. Juli im entgegengesetzten Punkte ihrer Bahn befindet, wo ihre Geschwindigkeit am kleinsten ist.

Diese ganze Schlußfolgerung bleibt bestehen, wenn sich nun umgekehrt die Erde um die Sonne in einem exzentrischen Kreise bewegt, wie ein solcher in Fig. 13 angenommen ist. In Wahrheit ist — wie Kepler nachgewiesen und später in § 13 ausführlich dargelegt wird — die Bahn der Erde eine vom Kreis sehr wenig abweichende Ellipse, in deren einem Brennpunkte die Sonne steht, und in welcher sich die Erde mit ungleichmäßiger Geschwindigkeit bewegt, und zwar am schnellsten, wenn sie der Sonne am nächsten steht, oder sich im Perihel (d. h. Sonnennähe) befindet, am langsamsten, wenn sie das Aphel (d. h. die Sonnenferne) passiert. Die Verbindungslinie von Perihel und Aphel ist, nach der Natur der Ellipse, deren große Achse und wird die Apsidenlinie genannt. Da nun für die nördliche Erdhalbkugel das Perihel in den Winter, das Aphel in den Sommer fällt, so ist zwischen Herbst und Frühjahr die Bewegung der Sonne eine raschere als zwischen Frühjahr und Herbst, oder die nördliche Erdhälfte hat eine längere warme Jahreszeit, während die Verhältnisse auf der südlichen gerade umgekehrt sind.

Es dauert auf der nördlichen Halbkugel der

Frühling	$92^d\ 20^h$	zusammen $186^d\ 11^h$
Sommer	$93^d\ 15^h$	
Herbst	$89^d\ 18^h$	zusammen $178^d\ 19^h$
Winter	$89^d\ 1^h$	
	Unterschied	$7^d\ 16^h$

Aber die Jahreszeiten haben für die Orte verschiedener geographischer Breite ganz verschiedenen Charakter, was mit der größten und kleinsten Höhe der Sonne über dem Horizont zusammenhängt.

Nach Fig. 1 ist der Zenitabstand eines Gestirns zur Zeit seiner oberen Kulmination gleich dem Komplement der Äquatorhöhe, d. h. gleich deren Ergänzung zu 90°, vermindert bezw. vermehrt um den Abstand des Sterns vom Äquator, oder was nach § 2 dasselbe ist, gleich der geographischen Breite des Orts, vermindert bezw. vermehrt um die Deklination des Sterns.

Daher werden diejenigen Orte der nördlichen (südlichen) Erdhälfte, deren geographische Breite gleich der Ekliptikschiefe ist, die Sonne mittags im Zenit haben, wenn sie ihre größte nördliche (südliche) Deklination hat, also zur Zeit der Sommer- (Winter-)Sonnenwende.

Orte, deren nördliche geographische Breite kleiner als die Ekliptikschiefe ist, bekommen die Sonne zweimal mittags ins Zenit: das erste Mal zwischen Frühjahrsäquinoktium und Sommersonnenwende, das zweite Mal zwischen dieser und der Herbsttagundnachtgleiche, wenn beide Male die nördliche Deklination der Sonne gleich der geographischen Breite des Ortes ist. In der kürzeren Zwischenzeit zwischen den beiden Zenitkulminationen steht die Sonne mittags auf der nördlichen Seite des ersten Vertikals (S. 10). Auf der südlichen Erdhälfte sind die Verhältnisse entgegengesetzt.

Die Orte auf dem Äquator haben die Sonne zur Zeit der Äquinoktien mittags im Zenit; während des Sommerhalbjahrs kulminiert sie am nördlichen, während des Winterhalbjahrs am südlichen Himmel. Die Parallelkreise am Himmelsgewölbe und auf der Erde, deren Deklination bezw. geographische Breite gleich der Ekliptikschiefe ist, nennt man die Wendekreise: der nördliche ist derjenige des Krebses, der südliche derjenige des Steinbocks. Die Zone der Erde, welche zwischen beiden Wendekreisen liegt und vom Äquator halbiert wird, ist die heiße Zone.

Für Orte der nördlichen Erdhälfte, deren geographische Breite gleich dem Komplement der Ekliptikschiefe, deren Äquatorhöhe also gleich der Ekliptikschiefe ist, beträgt zur Zeit des Sommersolstitiums die Mittagshöhe der Sonne das Doppelte der Ekliptikschiefe, die Mitternachtshöhe Null; zur Zeit des Wintersolstitiums ist dagegen die Mittagshöhe der Sonne Null. Daher geht auf den Parallelkreisen, deren nördliche (südliche) geographische Breite 66° 33′ ist, zur Zeit des Sommer- (Winter-)Solstitiums die Sonne einen Tag lang nicht unter, zur Zeit des Winter- (Sommer-)Solstitiums einen Tag lang nicht auf. Man nennt diese Parallelkreise die Polarkreise.

Da für die Pole der Horizontkreis mit dem Himmelsäquator zusammenfällt, so steht die Sonne am Nord- (Süd-)Pol so lange über dem Horizont, als sie nördliche (südliche) Deklination hat, bewegt sich im Horizont, wenn sie gerade im Äquator steht, und bleibt unter dem Horizont, solange sie südliche (nördliche) Deklination besitzt. An den Polen ist also rund ein halbes Jahr lang Tag und ebensolange Nacht, welche allerdings durch eine sehr lange Dämmerung eingeleitet und geschlossen wird. Für Orte innerhalb der Polarkreise auf der nördlichen (südlichen) Halbkugel dauert der längste Tag so lange, als die nördliche (südliche) Deklination der Sonne größer ist als die Äquatorhöhe oder — was dasselbe ist — als der Abstand des Orts vom Pol, die längste Nacht so lange, als die südliche (nördliche) Deklination größer als jener Abstand ist.

Die Gegenden innerhalb der Polarkreise nennt man die nördliche und die südliche Polarzone, die Zonen zwischen Wendekreis und Polarkreis die nördliche und die südliche gemäßigte Zone.

Die Dauer der längsten Tage diente im Altertum zu einer rohen Einteilung der Erdoberfläche in 38 Klimate für jede Erdhälfte. Die Tage haben am Äquator alle gleiche Länge, nämlich 12^h; von da ab unterscheidet man 24 Klimate für viertelstündige Zunahmen der Dauer des längsten Tages, dann 4 Klimate für halbstündiges Anwachsen derselben; endlich wurden alle diejenigen Orte als in einem Klima liegend angesehen, an welchen der längste Tag bis 21, 22, 23 und 24 Stunden und bis 1, 2, 3, 4, 5 und 6 Monate Dauer hatte.

Die Erdachse hat nicht immer genau dieselbe Richtung, sondern sie dreht sich in dem Zeitraum von fast 26000 Jahren in einer der jährlichen Bewegung entgegengesetzten Sinne, also von Ost nach West, um die Achse der Ekliptik. Daher beschreibt das obere Ende dieser Achse, der Nordpol des Himmels, um den Pol der Ekliptik in dem genannten Zeitraum einen Kreis, welcher in Fig. 9 (S. 36) punktiert angedeutet ist, und der Äquator, welcher dabei mit der Ebene der Ekliptik stets einen Winkel gleich der Ekliptikschiefe bildet, macht im gleichen Zeitraum eine kreisförmige Schwenkung wie die Scheibe eines Kreisels, wenn derselbe im Ausgehen ist.

Während also jetzt der hellste Stern im Sternbild des Kleinen Bären Polarstern ist, d. h. in der Nähe des Pols steht, werden nach und nach andere Sterne diese Rolle übernehmen. Zur Zeit des Hipparch stand unser jetziger Polarstern 12° vom Pole entfernt, hat sich seitdem dem Pole beständig genähert und wird in etwa 700 Jahren seine kürzeste Entfernung von demselben haben, während nach 11500 Jahren Vega, der hellste Stern im Sternbild der Leier, Polarstern sein wird.

Da (Fig. 9) P um E sich von Ost über Süd nach West in der Richtung des Pfeiles dreht, so muß auch das Sommersolstitium J, welches auf demselben Großkreisbogen mit E und P liegt, und damit auch der um

90° von J gegen Westen liegende Frühlingspunkt ♈ in der Ekliptik gegen Westen zurückweichen, und zwar nach Leverrier in einem julianischen Jahre von $365^1/_4$ mittleren Tagen um 50",23572, um welche Größe sich die Längen aller Sterne jährlich vergrößern, da ja dieselben vom Frühlingspunkt an gegen Osten gezählt werden.

Man nennt diese Erscheinung die **Präzession der Tag- und Nachtgleichen.** Die Breiten der Sterne werden dadurch nicht geändert.

Seit der Zeit, wo die Sternbilder des Tierkreises ihre Namen erhielten, hat die durch die Präzession bewirkte Verschiebung mehr als 30° betragen; die Zeichen der Ekliptik haben dabei ihre Namen beibehalten, stehen aber nicht mehr bei den gleichnamigen Sternbildern, sondern je um eines zurück: der Frühlingspunkt, mit welchem das Zeichen des Widders beginnt, steht im Sternbild der Fische, das Zeichen der Wage im Sternbild der Jungfrau u. s. w.

Aber auch die Schiefe der Ekliptik ist nicht immer die gleiche, sondern hat seit der ältesten historischen Zeit fortwährend abgenommen; diese Abnahme beträgt gegenwärtig in 100 Jahren rund 47".

Doch wird (nach Laplace) diese Änderung nicht für alle Zeiten eine Abnahme sein, sondern ihr Wert wird periodisch um etwa 1° hin und her gehen. Diese Änderung der Ekliptikschiefe kommt daher, daß auch die Ekliptik keine unveränderliche Ebene ist, sondern zwischen engen Grenzen hin und her schwankt, so daß auch der Pol der Ekliptik um seine mittlere Lage sich bewegt und infolge davon der Frühlingspunkt auch auf dem Äquator etwas gegen Osten vorrückt, wodurch bewirkt wird, daß das Rückschreiten des Frühlingspunkts in der Ekliptik ein ungleich schnelles ist; der oben dafür angeführte Wert gilt für 1850.

Außer der genannten langsamen Drehung der Erdachse um die Ekliptikachse macht sich aber noch eine mit der Bewegung des Mondes zusammenhangende kreiselförmige Schwanknng um ihre mittlere, durch die Präzession allein bestimmte Lage geltend, wodurch in $18^2/_3$ Jahren der wahre Ort des Nordpols um den mittleren eine Ellipse von 19" Länge und 1.6" Breite beschreibt.

Daher ist auch die Lage des Frühlingspunkts und die Schiefe der Ekliptik kleinen periodischen Änderungen unterworfen. Diese Schwankung von 19jähriger Periode nennt man Nutation.

Auch die Exzentrizität und damit die Form der Erdbahn, d. h. das Verhältnis zwischen dem Abstand des Mittelpunkts der Bahnellipse vom Brennpunkt und der mittleren Entfernung, ist einer Änderung von sehr langer Periode unterworfen. Die Exzentrizität war im Jahre 1850: 0,01877 (nach Leverrier) und vermindert sich in 100 Jahren um 0,00004245.

Endlich ist auch die Lage der Erdbahn in ihrer Ebene veränderlich. Die Apsidenlinie dreht sich im Sinne der jährlichen Bewegung gleichmäßig um. Diese Drehung macht nach Leverrier in einem julianischen Jahre 11",46 aus.

Nur die mittlere Entfernung der Erde von der Sonne bleibt stets dieselbe.

Die hier dargelegte Veränderlichkeit der Lage des Frühlingspunktes ist die Ursache von der § 6 erwähnten Inkonstanz der Länge des tropischen Jahres sowie von seiner größeren Kürze gegenüber dem siderischen Jahre, indem ja der Frühlingspunkt der Erde in ihrer Bahn gleichsam entgegenkommt; während andererseits die Apsiden vor der Erde zu entweichen scheinen, so daß diese mehr als ein siderisches Jahr, nämlich (nach Hansen) 365,259 589 mittlere Tage oder $365^d\ 6^h\ 13^m\ 48^s{,}49$ mittlere Zeit braucht, um wieder in das Perihel zu gelangen, welchen Zeitraum man als ein **anomalistisches Jahr** bezeichnet.

Drittes Kapitel.
Bewegung des Mondes.

§ 9. Bahn des Mondes.

Unter allen Himmelskörpern hat der Mond die größte scheinbare Eigenbewegung. Indem er, wie die Sonne, entgegen der täglichen Umdrehung des Himmels um etwa $0{,}^0 56$ in einer Stunde fortrückt, beträgt im Mittel ein Mondtag, d. h. die zwischen zwei aufeinanderfolgenden oberen Kulminationen des Mondes in demselben Meridian verstreichende Zeit, $24^h\ 50^m\ 28^s{,}3$ mittlere Zeit. Ferner braucht der Mond im Mittel, um wieder durch den Deklinationskreis eines bestimmten Sterns zu kommen: 27,321 661 Tage $= 27^d\ 7^h\ 43^m\ 11^s{,}5$; um wieder durch den Breitenkreis des Frühlingspunkts zu kommen, wegen der Präzession etwas weniger, nämlich 27,321 581 Tage $= 27^d\ 7^h\ 43^m\ 4^s{,}6$; um dagegen dieselbe Länge wie die in gleicher Richtung sich bewegende Sonne wieder zu erreichen, etwas mehr, nämlich: 29,530 588 Tage $= 29^d\ 12^h\ 44^m\ 2^s{,}8$.

Diese Umlaufszeiten in Bezug auf die Sterne, den Frühlingspunkt, die Sonne nennt man den **siderischen, tropischen, synodischen Monat**; den ersten bezeichnet man gelegentlich auch als **periodischen Monat**.

Bahn des Mondes.

Die scheinbare Mondbahn ist ein größter Kreis der Himmelskugel, dessen Ebene gegen die der Ekliptik im Mittel um $5° 8' 43''$ geneigt ist; doch schwankt diese Neigung der Bahnebene gegen die Ekliptik um diesen mittleren Wert periodisch hin und her um $8' 47'',8$. Die Periode ist ein halber synodischer Monat. Der Mond schneidet somit die Ekliptik in zwei um $180°$ Länge verschiedenen Punkten, welche man die Knoten der Mondbahn heißt, und zwar ist derjenige Knoten, in welchem der Mond von der Südseite der Ekliptik auf die Nordseite übergeht, der **aufsteigende** (Ω), der andere der **absteigende** ($\mho$).

Schon die Griechen bemerkten jedoch, daß der Mond nach einem tropischen Umlaufe nicht wieder genau die nämliche Breite hat, oder mit andern Worten, daß die Ebene der Mondbahn sich dreht in der Weise, daß die Knotenlinie eine rückgängige, der jährlichen Bewegung der Sonne und der monatlichen des Monds entgegengesetzte Bewegung von Osten nach Westen hat. Diese Bewegung der Knotenlinie beträgt in einem julianischen Jahre von $365 \frac{1}{4}$ Tagen in Bezug auf den Frühlingspunkt $19° 20' 29'',296$, also in Bezug auf die Sterne $10° 21' 19'',448$, so daß also der aufsteigende Knoten einen siderischen Umlauf am Himmel in $6793,42$, einen tropischen in $6798,34$ mittleren Tagen zurücklegt.

Die Zeit, nach welcher der Mond wieder in denselben Knoten kommt, oder der **drakonitische Monat**, ist $27,21219$ Tage $= 27^d\ 5^h\ 5^m\ 35^s,7$. Die Bezeichnung drakonitischer oder auch wohl Drachenmonat rührt daher, daß man früher den auf- und absteigenden Knoten der Mondbahn als Drachenkopf und Drachenschwanz zu unterscheiden pflegte. Es sei hier übrigens ausdrücklich darauf hingewiesen, daß alle auf den Mondlauf bezüglichen Zahlen aus langen Zeiträumen abgeleitete Mittelwerte sind, von denen für bestimmte Zeitpunkte gemachte Angaben (z. B. einer Monatslänge) bei der großen Unregelmäßigkeit des Mondlaufes oft erheblich abweichen können.

Wie die Sonne, zeigt auch der Mond periodisch wechselnde Veränderungen in der scheinbaren Geschwindigkeit und dem scheinbaren Halbmesser, welche beweisen, daß seine Bahn eine exzentrische ist. Der scheinbare Halbmesser schwankt zwischen 14′ 41″,8 und 16, 46″,6, der mittlere Wert ist 15′ 34″,1. Die mittlere tägliche Bewegung, welche sich durch Vergleichung der Stellung nach langem Zeitraum mit der Zahl der Umläufe ergibt, ist 13° 10′ 35″; dagegen ist sie im Perigäum, d. h. wenn der Mond in seiner größten Erdnähe ist, viel rascher, etwa 15°, im Apogäum oder in der Erdferne weit langsamer. Die Differenz zwischen dem wahren Mondort und dem Orte eines idealen Mondes, der gleichförmig rasch mit der mittleren Geschwindigkeit in der Bahn umlaufen würde, welche Mittelpunktsgleichung heißt, wird daher durch Addition der täglichen Ungleichheiten ziemlich bedeutend (bis zu 6° 17′) und wurde schon von Hipparch bemerkt.

Man trägt der Mittelpunktsgleichung am besten Rechnung, wenn man annimmt, daß sich der Mond in einer Ellipse bewege, in deren einem Brennpunkt die Erde steht, und daß der Radiusvektor des Mondes in gleichen Zeiten gleiche Flächen überfährt. Die Exzentrizität dieser Ellipse ist 0,054900 (nahe $\frac{1}{18}$).

Eine fortgesetzte Beobachtung derjenigen Zeiten, wo die schnellste und die langsamste scheinbare tägliche Bewegung stattfindet, hat gezeigt, daß die Apsidenlinie in der Ebene der Bahn von West nach Ost vorwärtsgeht, und zwar in einem julianischen Jahr in Bezug auf die Sterne um 40° 40′ 36″,138; sie macht daher einen siderischen Umlauf in 3232,56, einen tropischen in 3231,47 mittleren Tagen. Da man den Winkel zwischen dem Radiusvektor des Monds und der Richtung nach dem Perigäum Anomalie nennt, so heißt die Zeit von einem Durchgang des Mondes durchs Perigäum bis zum andern der anomalistische Monat; er ist infolge der Eigenbewegung des Perigäums größer als der siderische und beträgt 27,554550 Tage = $27^d\ 13^h\ 18^m\ 33^s,2$.

Zwischen den Umlaufzeiten des Mondes in Bezug auf Sonne, Knoten und Perigäum und dem julianischen und tropischen Jahre finden gewisse Beziehungen statt, welche im Kalenderwesen und bei der Berechnung von Finsternissen eine Rolle spielen. Es sind nämlich:

223 synodische Monate . . . . . = $6585,32^d$
239 anomalistische Monate . . . = $6585,55^d$
242 drakonitische Monate . . . . = $6585,35^d$
 18 julianische Jahre und 11 Tage = $6585,50^d$

ferner:

19 tropische Jahre . . . . . . = $6939,60^d$
19 julianische Jahre . . . . . = $6939,75^d$
235 synodische Monate . . . . . = $6939,69^d$

Wenn zwei Gestirne gleiche Länge haben, so sagt man, sie stehen in Konjunktion; ist ihre Länge um 180° verschieden, so sind sie in Opposition; bei 90° oder 270° Längenunterschied sind sie in der ersten oder zweiten Quadratur. Die Konjunktion von Sonne und Mond heißt Neumond, ihre Opposition Vollmond, beide zusammen Syzygien, die Quadraturen heißen Viertel.

Die Syzygien spielen im Kalenderwesen eine große Rolle:

Da die Griechen in den älteren Zeiten, wie heute noch die Mohammedaner, Mondjahre hatten, 12 synodische Monate oder Lunationen aber nur 354,367 Tage betragen, so fielen nach kurzer Zeit die Jahreszeiten auf andere Monate, und es mußten, um mit dem Sonnenjahr in Übereinstimmung zu bleiben, Schalttage oder Monate eingeschoben werden. Um dies systematisch zu regeln, stellte Meton im Jahre 432 v. Chr. seinen Mondzyklus auf.

Da 19 tropische Jahre = 235 Lunationen sind und sich nur um einige Stunden von 6940 Tagen unterscheiden, so wird nach 19 julianischen Jahren der Neumond nahe wieder auf denselben Tag fallen. Man mußte also 235 Monate so auf 19 Jahre verteilen, daß die Monate teils 29 teils 30 Tage hatten und 7 solche Monate innerhalb 19 Jahren eingeschaltet wurden. Die Jahre mit Schaltmonaten waren das dritte, fünfte, achte, elfte, dreizehnte, sechzehnte, neunzehnte des Zyklus. Auf diese Weise fiel der Neumond immer auf einen von denselben zwei Tagen des Monats, und nach 19 Jahren fielen die Mondjahre und Sonnenjahre wieder zusammen.

Auch im christlichen Kalender spielt der Mondzyklus bei der Berechnung des Osterfestes eine Rolle, weil dasselbe nach kirchlicher Bestimmung immer auf den Sonntag nach dem ersten Frühjahrsvollmond fallen soll. Die Daten des letzteren müssen sich aber nach 19 julianischen Jahren wiederholen. Hatte man daher in einem solchen Zyklus die Daten des Ostervollmondes notiert, so kannte man sie für jedes Jahr eines andern Zyklus. Da das Jahr vor Christi Geburt das erste Jahr eines Mondzyklus war, so mußte man zur Jahreszahl immer 1 addieren und die Summe durch 19 dividieren; dann gab der Rest, welchen man die goldene Zahl nennt, an, das wievielte Jahr eines Zyklus das laufende Jahr ist. Wegen der Ungenauigkeit der julianischen Jahre und des Mondzyklus stimmt die Regel nicht für längere Zeiträume.

§ 10. Lichtgestalten, Entfernung, Größe, Rotation des Mondes.

Die bekannte Veränderung der Lichtgestalten des Mondes, welche man seine Phasen nennt, beweisen, daß er eine an sich dunkle, von der Sonne erleuchtete Kugel ist, und daß er uns um vieles näher sein muß als die Sonne. In der Konjunktion (Neumond) ist er unsichtbar, weil die Sonne ihn auf der von uns abgekehrten Seite erleuchtet und die uns zugewandte Seite im Schatten liegt. Indem er nun aber der Sonne am Himmel vorauseilt, bekommen wir zuerst einen Teil seiner erleuchteten Seite als schmale Sichel zu sehen, die sich bald zur halbkreisförmigen Scheibe mit der Wölbung des beleuchteten Randes nach Westen oder nach rechts, d. h. zum sogenannten ersten Viertel erweitert, um in weiteren sieben Nächten zu einer vollen Kreisscheibe (Vollmond) anzuwachsen. Diese schrumpft wieder zur halbkreisförmigen Scheibe (letztes Viertel) ein, deren gekrümmter Rand jetzt aber nach Osten oder nach links gerichtet ist, um dann als immer schmälere Sichel am Morgenhimmel zu erscheinen, bis sie in den Sonnenstrahlen verschwindet. Um zu entscheiden, ob der Mond sich dem Voll- oder Neumond nähert, oder wie man sagt, im Zunehmen oder Abnehmen ist, gilt die Regel, daß das erstere der Fall ist, wenn die Sichel (oder der halbkreisförmige erleuchtete Rand) so steht, daß sie den ersten Schwung eines kleinen deutschen z bildet; erscheint sie dagegen in einer

Stellung, daß sie dem ersten Zug eines kleinen deutschen a entspricht, so ist der Mond im Abnehmen. Diese Regel gilt natürlich nur für die nördliche Erdhälfte, auf der südlichen ist sie gerade umzukehren, in den äquatorialen Gegenden versagt sie ganz, weil da die Mondsichel ihren nach außen gekrümmten Rand entweder dem Horizont oder dem Zenit zukehrt. Diese verschiedenen Stellungen der Mondsichel finden ihre natürliche Erklärung in dem Umstande, daß ihr voll beleuchteter Rand immer der Sonne zugewandt sein muß; also wenn man die beiden Spitzen oder Hörner der Mondsichel durch eine gerade Linie verbindet und auf dieser in ihrem Mittelpunkt eine Senkrechte errichtet, so trifft dieselbe die Sonne, mag dieselbe nun über oder unter dem Horizont stehen. Schneidet nun in letzterem Falle diese eben konstruierte Verbindungslinie von Mond und Sonne den Horizont nördlich von der durch den Mond gehenden Vertikalebene, so gilt die oben aufgestellte Regel; schneidet sie ihn südlich davon, so muß man die Regel umkehren; fällt endlich die gedachte Verbindungslinie in die durch den Mond gehende Vertikalebene, oder hat sie nur eine sehr geringe Neigung dagegen, so steht die Verbindungslinie der Hörnerspitzen nahezu parallel zum Horizont, d. h. dann versagt das obige Erkennungsmerkmal.

Dieser starke Wechsel in der Stellung von Sonne und Mond gegeneinander ist durch die im vorigen Paragraphen angegebene starke Neigung der Mondbahn bedingt, die bewirkt, daß die Deklination des Mondes sich während eines Umlaufes desselben je nach der Lage der Mondbahn zur Ekliptik mindestens um 36° 36′ und höchstens um 57° 12′ ändert, wodurch auch ferner bedingt ist, daß die tägliche Verspätung des Auf- und Unterganges des Mondes für einen Erdort zwischen 15^m und

Lichtgestalten, Entfernung, Größe, Rotation des Mondes. 67

$1^h 30^m$ schwanken kann. Zur Illustration des Gesagten diene Fig. 14, in der HH_1, der Osthorizont eines Erdortes nördlicher Breite, O der Ostpunkt, AA_1 der Äquator, BB_1 und CC_1 Parallelkreise sind. Nun stehe eines Tages der Mond genau im Äquator, gehe also für den betreffenden Erdort in O um t Uhr mittlere Zeit auf. Fände nun keine Deklinationsänderung, sondern nur eine solche in Rekt-

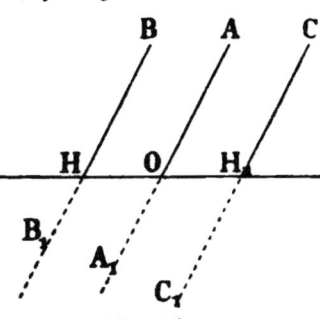

Fig. 14.

aszension statt, so würde der Mond am folgenden Tage um t Uhr in A_1 unter dem Horizont stehen; die Erde müßte sich also noch um den dem Bogen OA_1 entsprechenden Stundenwinkel von etwa 54 Zeitminuten drehen, bis der Mond in O wieder aufgehen könnte; sein Aufgang würde also etwa 54^m später erfolgen als am Tage vorher. Nun ändert der Mond aber auch gleichzeitig seine Deklination, wird also in dem einen Tage entweder nach B_1 oder C_1 gekommen sein, je nachdem er sich in einem Teile seiner Bahn befand, welche sich dem Nordpol annäherte oder nicht. In ersterem Falle wird sich von t Uhr ab die Erde noch um den B_1H entsprechenden Stundenwinkel von etwa 30^m, in letzterem Falle um den C_1H_1 entsprechenden Stundenwinkel von etwa $1^h 20^m$ drehen müssen, bis der Mond in H, beziehentlich H_1 aufgehen kann. In ersterem Falle hat sich also der Aufgang des Mondes um 30^m, in letzterem um $1^h 20^m$ gegen den am Tage vorher verspätet. Die entsprechenden Verhältnisse finden beim Untergang statt.

Mißt man zur Zeit der Viertel den Winkel, den die Richtungslinien vom Erdort nach der Sonne und dem Mond miteinander bilden, so findet man diesen sehr nahezu

5*

gleich 90°, woraus ohne weiteres folgt, daß die Sonne viel weiter von der Erde entfernt ist, als der Mond.

Die Parallaxe des Mondes wurde aus seinen zu gleicher Zeit an zwei verschiedenen Orten der Erde beobachteten Abständen vom Zenit zu 57' 2",54 bestimmt.

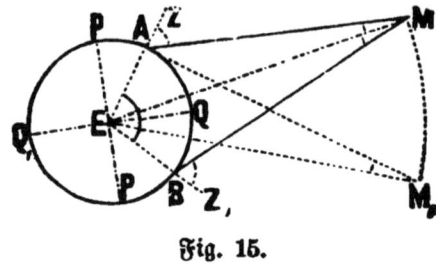

Fig. 15.

An den zwei nahe auf demselben Meridian liegenden Orten A und B (Fig. 15) beobachtete man zugleich die Winkel MAZ und MBZ_1, um welche der Mittelpunkt der Mondscheibe vom Zenit abstand, wenn er durch den Meridian ging. In dem Viereck AEBM kannte man nun den Unterschied der geographischen Breiten von A und B, d. h. den Winkel AEB, die Verhältnisse der Erdhalbmesser EA und EB, sowie die Winkel bei A und B, konnte also sämtliche Winkel des Vierecks und die Verhältnisse seiner Seiten berechnen, z. B. das Verhältnis von EA zur Diagonale EM und den Winkel EMA, um welchen der Mond vom Erdort A aus niedriger gesehen wird als vom Erdmittelpunkt, und welchen man die Höhenparallaxe heißt. Steht der Mond bei M_1 im Horizont von A, so ist der Winkel EM_1A die Horizontalparallaxe für den Ort A, welche sich im rechtwinkligen Dreieck aus dem Verhältnis EA zu EM_1 oder EA zu EM ergibt. Da man aber das Verhältnis des Halbmessers EA zum Äquatorhalbmesser kennt, so kann man auch die Parallaxe für einen Ort des Äquators daraus bestimmen, oder die Äquatorialhorizontalparallaxe, deren Wert oben angegeben wurde. Sie ist der Winkel, unter welchem vom Mond aus der Äquatorhalbmesser der Erde erscheint. Aus ihr ergibt

Lichtgestalten, Entfernung, Größe, Rotation des Mondes.

sich die mittlere geozentrische Entfernung des Mondmittelpunktes zu 60,2693 Äquatorhalbmessern oder 384396 km (nach Harkneß). Aus dem scheinbaren Halbmesser folgt dann der wirkliche = 1741 km. Daher ist die Entfernung Erde—Mond nahe $\frac{1}{387}$ der Entfernung Erde—Sonne, die Mondoberfläche $\frac{1}{13}$ der Erdoberfläche, der Mondinhalt $\frac{1}{49}$ des Erdinhalts.

Wie man an den auf der Oberfläche des Mondes sichtbaren Gebirgen sieht, kehrt er uns immer nahe dieselbe Seite zu. Daher dreht er sich bei einem Umlauf um uns in Bezug auf die Sterne einmal um eine sich stets nahe parallel bleibende Achse, welche zur Ebene der Bahn fast senkrecht steht.

Ein Sterntag auf dem Mond ist also gleich einem siderischen, ein Sonnentag des Mondes gleich einem synodischen Monat. Genauere Beobachtungen haben gezeigt, daß diese Umdrehung eine gleichmäßig rasche ist, daß die Drehachse mit der Achse der Ekliptik stets einen Winkel von 1° 36′ 39″ (nach Hartwig) bildet, daß ferner die Schnittlinie des Mondäquators und der Ekliptik mit der Knotenlinie zusammenfällt, wobei die Ebene der Ekliptik zwischen derjenigen der Mondbahn und des Mondäquators liegt.

Hansen hat nachgewiesen, daß die Übereinstimmung der Rotations- und der Umlaufszeit des Mondes nur zu erklären ist, wenn man annimmt, daß er in der Richtung von der Erde weg etwas verlängert ist, so daß sein Schwerpunkt sich um etwa 59 km weiter von uns entfernt befindet als der Mittelpunkt seiner Figur.

Wenn also in Fig. 16 $DNBN_1$ die Ekliptik und $NLN_1 L_1$ die Mondbahn ist, und durch den Mondmittelpunkt L eine Senkrechte Lu zur Ekliptik und eine

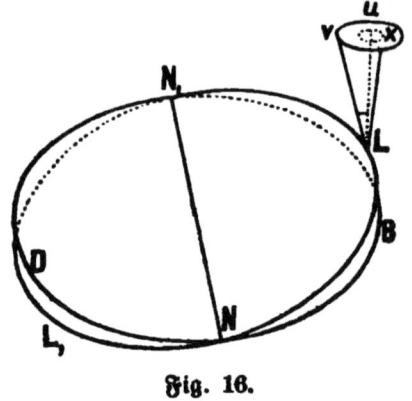

Fig. 16.

Senkrechte Lv zur Mondbahn gezogen wird, so bildet die Mondachse Lx mit Lu einen Winkel von 1° 36′ 39″ und liegt mit Lu und Lv in derselben Ebene, welche auf der Knotenlinie NN_1 senkrecht steht. Da der Winkel zwischen Lu und Lv im Mittel 5° 8′ 43″ beträgt, so ist der Winkel zwischen Lv und Lx im Mittel 6° 45′ 22″. Da die Knotenlinie sich von Ost nach West dreht, also auch Lv und Lu eine Drehung in dieser Richtung machen, so muß im Laufe der gleichen Zeit die Mondachse um die Ekliptikachse eine Drehung machen (in Fig. 16 durch den kleinen punktierten Kreis angedeutet). Weil aber das Sonnenlicht parallel der Ebene der Ekliptik auffällt, so muß infolge dieser Kreiselbewegung das Bild der Mondscheibe für uns nach allen Richtungen hin im Laufe der Umdrehungszeit der Knotenlinie um 1° 37′ verschoben werden, eine Erscheinung, welche man die physische Libration nennt.

Da die Mondbahn nicht mit der Ekliptik, mit welcher die den Mond beleuchtenden Sonnenstrahlen parallel gehen, zusammenfällt, so sehen wir den Mond bei nördlicher Breite an der Südseite, bei südlicher Breite an der Nordseite etwas erleuchtet, oder der Mondmittelpunkt scheint in der Richtung senkrecht zur Ekliptik eine Schwankung im Laufe eines Monats zu machen, welche optische Libration in Breite heißt und bis zu 5° 9′ 11″

Lichtgestalten, Entfernung, Größe, Rotation des Mondes. 71

beträgt. Auch parallel der Ekliptik, also in Rücksicht auf die Länge, findet eine solche scheinbare Schwankung statt, die optische Libration in Länge. Sie rührt daher, daß der Mond sich mit gleichförmiger Geschwindigkeit um seine Achse dreht, mit ungleichförmiger in der Bahn bewegt. Wenn also in Fig. 17 der Mond bei M in der mittleren Entfernung steht, so wird der Oberflächenpunkt a, welcher im Perihel P nach der Erde E gekehrt war, gerade um 90⁰ sich gedreht haben. Die Linie Erde—Mond EM bildet aber, weil beim Perihel der

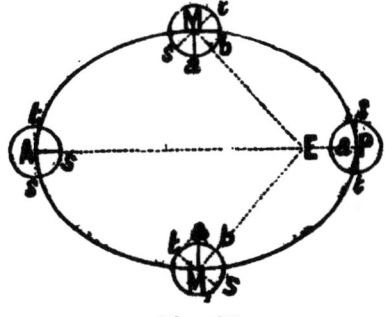

Fig. 17.

Mond sich rascher fortbewegt, mit EP einen Winkel von mehr als 90⁰; daher wird a etwas links von der Mitte b der scheinbaren Scheibe st zu stehen scheinen, dagegen im letzten Viertel um ebensoviel rechts von b. Diese Libration ist gleich der größten Mittelpunktsgleichung, also 6⁰ 17'. Außer diesen beiden Arten von Schwankungen nimmt man bei genauerer Beobachtung noch eine tägliche, die sogenannte parallaktische Libration wahr, welche daher rührt, daß der Beobachter auf der Erdoberfläche infolge der täglichen Umdrehung der Erde den Mond von zwei um den Durchmesser des betreffenden Parallelkreises auseinanderliegenden Orten aus sieht. Durch das Zusammenwirken aller dieser wirklichen und scheinbaren Schwankungen beträgt die Verschiebung des scheinbaren Mittelpunktes der Mondscheibe parallel der Ekliptik bis zu 7⁰ 40', senkrecht zur Ekliptik 6⁰ 51', die totale Verschiebung im Maximum 11⁰ 25'.

§ 11. **Von den Finsternissen und Bedeckungen.**

Die von der Sonne S (Fig. 18) erleuchtete Erde E wirft einen Schatten hinter sich, welcher wegen der Kugelgestalt beider Himmelskörper kegelförmig ist. Er ist von einem nach hinten sich erweiternden Halbschatten umgeben, den Raum umschließend, in welchem an der Erde vorbei nur von einem Teil der Sonnenoberfläche Licht gelangt. An der Grenze gegen den Kernschatten wird der Halbschatten dichter und geht allmählich in ersteren über; in Fig. 18 ist ersterer durch senkrechte, letzterer durch horizontale Schraffierung gekennzeichnet. Aus dem Verhältnis von Sonnen- und Erdhalbmesser und der Entfernung beider Himmelskörper berechnet man die Länge des Kern-

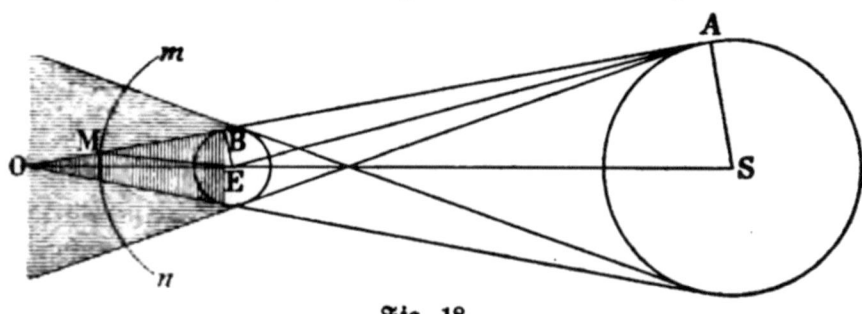

Fig. 18.

schattenkegels zu 215 Erdhalbmessern. Tritt nun der im Mittel nur $60\frac{1}{4}$ Erdhalbmesser entfernte Mond in den Schatten, so erleidet er eine Finsternis. Die Finsternis beginnt, wenn die Entfernung der Mittelpunkte von Mond und Erdschatten gleich der Summe ihrer Halbmesser ist, ist total, solange die Entfernung der Mittelpunkte gleich oder kleiner ist als die Differenz der Halbmesser von Erdschatten und Mond, und hört auf, sobald die Entfernung größer ist als die Summe der scheinbaren Halbmesser. Die Beziehung dieser Bedingung zu den scheinbaren Halbmessern und den Parallaxen von Sonne und Mond läßt sich leicht aus Fig. 18 ablesen, in welcher der Kreis m n die Mondbahn bedeutet. Beim Beginn der totalen Verfinsterung steht der Mond in M. Der Erdhalbmesser EB wird vom Mond aus unter der Mondparallaxe EMB, von der Sonne aus unter der Sonnenparallaxe EAB gesehen; beide Winkel zusammen ergänzen den Winkel MEA zu 180°; dasselbe tun die beiden Winkel MEO und AES, d. h. die scheinbaren Halbmesser des Erdschattens und der Sonne, also ∢ BAE + ∢ BME = ∢ MEO + ∢ AES oder ∢ MEO = ∢ BAE + ∢ BME − ∢ AES. Es ist also der scheinbare Halbmesser des Erdschattens gleich der Summe der Parallaxen von Sonne und Mond, vermindert um den scheinbaren Sonnenhalbmesser. Nennt man R, r die scheinbaren Halbmesser, P, p die Parallaxen von Sonne und Mond, so ist also der scheinbare Erdschattenhalbmesser gleich $P + p - R$, und die Bedingung für eine partielle Mondfinsternis ist, daß die Entfernung beider Mittelpunkte kleiner ist als $P + p - R + r$; für eine totale muß die Entfernung kleiner sein als $P + p - R - r$. Unter Einsetzung der früher gegebenen Zahlen findet man, daß eine partielle Mondfinsternis durchschnittlich eintritt, wenn die Entfernung des Mondmittelpunktes von der geraden Linie SO, welche die Mittelpunkte von Sonne und Erde verbindet, kleiner als 56' 46" ist, eine totale, wenn sie kleiner als 25' 38" ist. Dies kann daher nur zur Zeit des Vollmondes stattfinden, und wenn gleichzeitig die Breite des Mondes nicht größer als 56' 46", also dieser nicht weiter als $10^1/_2$ Grade vom Knoten entfernt ist. Infolge der Verschiedenheiten in den Parallaxen und scheinbaren Halbmessern sind die angegebenen Grenzen etwas weiter für die Wahrscheinlichkeit, dagegen etwas enger für die

Gewißheit einer Finsternis. Da der Erdschatten mit der gleichen scheinbaren Geschwindigkeit wie die Sonne von West nach Ost fortrückt, der Mond in der gleichen Richtung mit einer größeren Geschwindigkeit, so wird der linke, östliche Rand des Mondes zuerst verfinstert. Der Moment des Eintritts und des Endes einer Mondfinsternis ist wegen der verschwommenen Schattengrenze nicht mit Genauigkeit wahrzunehmen, und deshalb sind Mondfinsternisse zur Bestimmung von Unterschieden geographischer Längen nicht geeignet.

Wenn zur Zeit einer Konjunktion der Neumond so nahe bei der Sonne steht, daß die scheinbare Entfernung beider Scheibenmittelpunkte kleiner als die Summe der scheinbaren Halbmesser ist, so bedeckt der Mond die Sonne teilweise oder ganz; in letzterem Falle ist die Sonne ganz unsichtbar, wenn der scheinbare Mondhalbmesser größer als der der Sonne ist; dagegen sieht man rings um den Mond noch einen hellen Ring von der Sonnenscheibe, wenn der scheinbare Halbmesser der letzteren der größere ist. Man nennt diese Erscheinung je nachdem eine partielle, totale oder ringförmige Sonnenfinsternis, obwohl der Ausdruck Sonnenbedeckung richtiger wäre, da nicht die Sonne, sondern die Erde verfinstert wird.

Erreicht der hinter dem Monde liegende Halbschattenkegel die Erde, so erleidet der von ihm bedeckte Teil der Erde eine partielle Sonnenfinsternis; trifft dagegen der Kernschattenkegel oder der Scheitelkegel desselben die Erde, so hat der von demselben getroffene Erdstrich eine totale oder ringförmige Sonnenfinsternis. Die Bedingungen, unter welchen eine Sonnenfinsternis eintreten kann, lassen sich aus den Figuren 19 und 20 ablesen.

In Fig. 19 berührt der vom Monde M geworfene Halbschatten die Erde gerade noch im Punkte B, für

Von den Finsternissen und Bedeckungen. 75

diesen endet nach den Verhältnissen der Zeichnung die partielle Bedeckung. Der scheinbare Abstand zwischen Mond- und Sonnenmittelpunkt oder der Winkel MES besteht aus dem Winkel MED ober dem scheinbaren Mondhalbmesser r, dem Winkel AES oder dem scheinbaren Sonnenhalbmesser R und dem Winkel DEA,

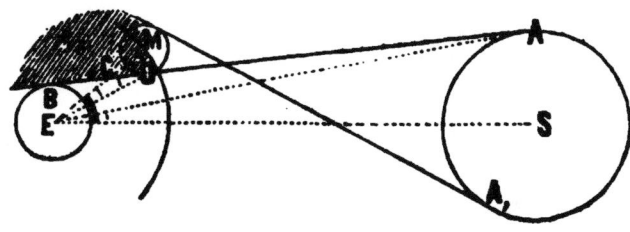

Fig 19.

welcher gleich der Differenz von BDE (= Mondparallaxe p) und DAE (= Sonnenparallaxe P) ist, weil Winkel BDE Außenwinkel am Dreieck DAE ist. Daher muß der scheinbare Abstand beider Mittelpunkte für eine partielle Finsternis mindestens = R + r + p — P sein.

In Fig. 20 endigt für den Punkt B gerade die totale Bedeckung, weil der Kernschatten des Mondes die

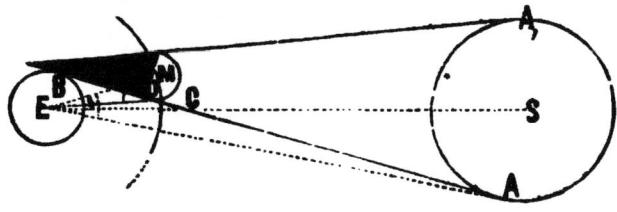

Fig. 20.

Erde noch in B berührt. Winkel MES erhält man, wenn man die Winkel MED (scheinbarer Mondhalbmesser r) und DEA addiert und davon den Winkel SEA (scheinbarer Sonnenhalbmesser R) abzieht. Winkel DEA ist aber — wie oben — gleich der Differenz der Winkel BDE (Mondparallaxe p) und DAE (Sonnenparallaxe P);

also muß im Falle einer totalen Bedeckung die Entfernung beider Mittelpunkte mindestens r + p — P — R betragen. Ist dabei R größer als r, so ist die Bedeckung ringförmig. Unter Zugrundelegung der mittleren Werte für die in Betracht kommenden Größen erhält man daher für den scheinbaren Abstand von Mond- und Sonnenmittelpunkt

    bei partiellen Bedeckungen . . . . 1° 28′ 27″
    bei totalen   ″   . . .   56′ 28″.

Auch die Sonnenbedeckungen ereignen sich somit nur, wenn bei partiellen Bedeckungen der Mond nicht weiter als 16° 40′, bei totalen nicht weiter als 10° 33′ vom Knoten entfernt ist.

Sowohl der Kern- als der Halbschatten des Mondes haben in der Gegend der Erde einen kleineren Durchmesser als die Erde; also sieht nie die ganze Erdhälfte, für welche die Sonne über dem Horizont ist, die gerade stattfindende Sonnenfinsternis, sondern immer nur ein verhältnismäßig kleiner Teil derselben. Den höchstens 220 Kilometer breiten Streifen der Erdoberfläche, über welchen der Kernschatten (bez. dessen Scheitelkegel) des Mondes hingleitet, für den also die Finsternis total (bez. ringförmig) ist, nennt man die Zone der Totalität (bez. Ringförmigkeit). Für diejenigen in dieser Zone gelegenen Orte, welche von der verlängerten Verbindungslinie von Sonnen- und Mondmittelpunkt getroffen werden, ist die Finsternis außerdem noch eine zentrale. Berührt die Spitze des Kernschattenkegels des Mondes die Erdoberfläche, so findet für die von ihr überstrichenen Orte eine totale Sonnenfinsternis ohne Dauer statt, während sonst die Totalität oder Ringförmigkeit wenige Minuten (nur in ganz vereinzelten Fällen mehr als 6) beträgt. Da der Mond nur allmählich vor die Sonnenscheibe tritt, so wird jede totale oder ringförmige Sonnenfinsternis mit einer viel länger dauernden partiellen beginnen und endigen. Nur eine solche sehen die außerhalb aber benachbart zur Zone der Totalität liegenden Erdorte. Je weiter man sich von dieser Zone entfernt, desto kleiner ist das verdeckte Stück der Sonne, bis man da, wo sich Sonne und Mond nur berühren, die Grenzen der Sichtbarkeit erreicht. Solche existieren natürlich für eine Mondfinsternis nicht, vielmehr ist dieselbe, da dabei tatsächlich der Erdschatten über die Mondoberfläche hinläuft, an allen Erdorten, für welche der Mond über dem Horizont ist, zu gleicher Zeit und in gleicher Größe sichtbar. Bei einer Sonnenfinsternis streicht der Mondschatten von Ost nach West über die Erde hin, so daß östliche Erdorte die Bedeckung früher sehen als westliche. Da aber der Lauf des Mondes genau bekannt ist, so läßt sich streng berechnen, um welche Zeit in jedem Erdmeridian die einzelnen Momente der Sonnenfinsternis gesehen werden müssen; daher dienen Sonnenfinsternisse als Signale für Bestimmung des Zeit- und auch des Längenunterschieds von Erdorten.

Weil das Eintreffen einer Mond- oder Sonnenfinsternis daran gebunden ist, daß sich Sonne und Mond zugleich in der Nähe eines Knotens befinden, so wiederholen sich diese Erscheinungen nach der schon oben erwähnten Periode von 6585 Tagen = 223 Lunationen = 18 julianischen Jahren und 11 Tagen in nahe derselben Reihenfolge und Größe, aber für etwas andere Sichtbarkeitsgebiete. Diese Periode war schon den Chaldäern im 6. Jahrhundert v. Chr. bekannt und wurde Saros genannt. Es ereignen sich in dieser Periode durchschnittlich 41 Sonnen- und 29 Mondfinsternisse; doch sind wegen des beschränkten Gebiets der Sichtbarkeit von Sonnenbedeckungen infolge der Kleinheit des Mondschattens für einen und denselben Erdort die letzteren etwa dreimal seltener. Auf der ganzen Erde treten in einem Jahre höchstens fünf Sonnenfinsternisse und zwei Mondfinsternisse ein, doch braucht andererseits durchaus nicht in jedem Jahre für alle Erdorte eine Finsternis sichtbar zu sein; 1897 ist in Europa z. B. keine einzige sichtbar gewesen. 18 (bez. $11^1/_2$) Tage vor und nach dem Durchgang der Sonne durch einen der Mondbahnknoten ist die Möglichkeit einer Sonnen- (bez. Mond-) Finsternis vorhanden, und da das für beide Knoten gilt, so folgt daraus, daß es in jedem Jahre zwei Perioden von 36 (bez. 23) Tagen gibt, in denen Finsternisse überhaupt möglich sind.

Die Größe der Finsternisse drückte und drückt man noch heute vielfach dadurch aus, daß man den in seiner Verlängerung durch den Mittelpunkt des verfinsternden Objekts gehenden Durchmesser des verfinsterten in zwölf gleiche Teile (Zoll oder digiti genannt) teilt und angibt, wieviele dieser Teile bei der größten Phase der Finsternis verdunkelt sind. Die Angaben solcher Finsternisgrößen im Altertum beziehen sich meistens nicht auf Teile des Durchmessers, sondern geben an, wieviel Zwölftel der ganzen Sonnen- oder Mondscheibe höchstens im Dunkel liegen.

Viertes Kapitel.
Bewegung der Planeten und ihrer Monde.

§ 12. **Scheinbare Bewegung der Planeten.**

Während die meisten Sterne ihre gegenseitige Lage nur unmerklich ändern und deshalb Fixsterne genannt werden, haben einige wenige eine auffallende eigene

Scheinbare Bewegung der Planeten.

Bewegung und heißen daher Planeten oder Irrsterne. Fünf derselben, Merkur, Venus, Mars, Jupiter, Saturn, lassen sich leicht mit bloßen Augen wahrnehmen und unterscheiden sich von den übrigen Sternen außer durch ihr Fortrücken noch durch ihr weniger funkelndes Licht. Durchs Fernrohr betrachtet, zeigen sie sich als kleine Scheiben. Mit Ausnahme einiger kleiner, erst in neuerer Zeit entdeckter, entfernen sich die Planeten nicht über 10 Grad von der Ekliptik und bleiben daher innerhalb der Sternbilder des Tierkreises.

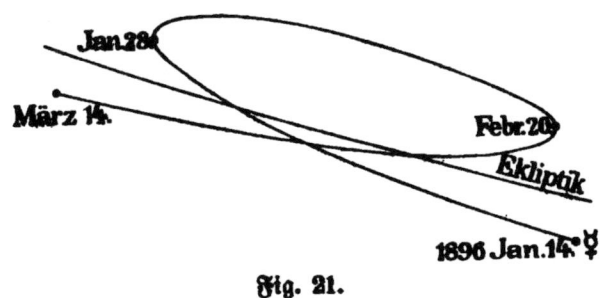

Fig. 21.

Eigentümlich ist den scheinbaren Bahnen der Planeten, wie sie durch Eintragung einer längeren Reihe beobachteter Örter in einer Sternkarte gewonnen werden, eine Schleifenbildung (Fig. 21), wodurch sie zwar im größten Teile ihrer Bahn von West nach Ost sich bewegen oder rechtläufig sind, dann aber immer langsamer fortrücken, stille zu stehen scheinen oder stationär werden, um dann kürzere Zeit hindurch rückläufig, d. h. von Ost nach West sich zu bewegen, und endlich nach einem zweiten Stillstand wieder die rechtläufige Richtung einschlagen. Fig. 21 stellt den scheinbaren Lauf des Merkur vom 14. Januar bis 14. März 1896 dar. Danach war der Planet zunächst rechtläufig, bis er am 28. Januar stationär und von da ab rückläufig wurde; am 20. Februar abermals stationär, nahm er von da an seine rechtläufige Bewegung wieder an.

Merkur und Venus halten sich immer in der Nähe der Sonne auf: ersterer entfernte sich nicht mehr als 29°, Venus nicht mehr als etwa 45° von ihr. Stehen sie westlich von der Sonne, so sind sie morgens vor Sonnenaufgang als Morgensterne am Osthimmel; stehen sie östlich von derselben, so sind sie abends nach Sonnenuntergang als Abendsterne am Westhimmel sichtbar. Beim Übertritt von der einen Seite der Sonne auf die andere kommen sie mit ihr in Konjunktion, und zwar heißt diejenige, bei welcher der Planet anfängt, Morgenstern zu werden, oder was dem entspricht: bei welcher er zwischen Sonne und Erde hindurchgeht, die untere, die andere die obere Konjunktion; zwischen beiden Konjunktionen liegen die Punkte, wo der Planet seinen größten Abstand von der Sonne, seine größte östliche und westliche Digression hat. Zwischen den größten Digressionen und der unteren Konjunktion hat er zugleich seinen größten Glanz.

Die übrigen sogenannten oberen Planeten können in Bezug auf die Sonne jede Stellung einnehmen, mit ihr in Konjunktion, Opposition, östlicher und westlicher Quadratur stehen, Benennungen, welche die gleiche Bedeutung haben wie beim Mond, nur daß bei der Konjunktion die Planeten natürlich nie zwischen Sonne und Erde treten können, sondern daß sie, von der Erde aus gesehen, jenseits der Sonne stehen, wie Merkur und Venus bei ihrer oberen Konjunktion. Ihre scheinbare Bewegung ist immer langsamer als die der Sonne, zur Zeit der Konjunktion ist sie am größten. Einige Zeit vor der Opposition werden sie rückläufig und bleiben es bis nahe ebensolange nach derselben.

Die Zeit von einer unteren Konjunktion oder einer größten östlichen Digression bis zur anderen bei Merkur und Venus, von einer Opposition bis zur anderen bei den übrigen Planeten, nach welcher der Planet also wieder dieselbe Stellung zur Sonne hat, heißt die synodische Umlaufszeit desselben. Sie ist nicht immer genau die gleiche, was von der ungleichen Geschwindigkeit der Planeten und der Erde herkommt; man wählt deshalb aus einer großen Zahl von Beobachtungen zwei solche Oppositionen (untere Konjunktionen) aus, welche sehr nahe am gleichen Punkte des Himmels stattfanden, und dividiert die Zwischenzeit durch die Zahl der synodischen Umläufe; denn in diesen beiden Fällen befinden sich Erde und Planet wieder im gleichen Punkte ihrer Bahn.

Die in der Figur 21 dargestellte scheinbare Planetenbahn macht den Anschein, als ob eine sogenannte Epizykloide oder Rolllinie von einem in der Nähe ihrer Ebene befindlichen Punkte aus betrachtet würde. Eine solche entsteht, wenn der die Linie beschreibende Punkt sich auf einem Kreise (dem Epizykel) gleichmäßig herumbewegt, während der Mittelpunkt des Epizykels sich auf einem zweiten Kreise, dem Deferenten, in der gleichen Richtung mit gleichförmiger Geschwindigkeit dreht.

In der Tat werden die beobachteten scheinbaren Längen und Breiten ziemlich annähernd dargestellt, wenn man für Merkur und Venus die scheinbare Sonnenbahn als Deferenten nimmt, auf welchem sich der Mittelpunkt des Epizykels in derselben Zeit wie die Sonne bewegt, während die Ebene des Epizykels mit der des Deferenten, d. i. der Ekliptik, stets denselben Winkel bildet und die Schnittlinie immer dieselbe Richtung beibehält; der Halbmesser des Epizykels sowohl wie die Umlaufszeit der Planeten in letzterem ist für jeden Planeten wieder eine andere. Bei den übrigen Planeten dagegen ist der Epizykel gleich der Sonnenbahn, und es wechselt von einem Planeten zum andern der Halbmesser des Deferenten und die Umlaufszeit des Epizykelmittelpunktes in demselben. Für Venus ist diese Bewegung in Fig. 22, für Mars in Fig. 23 dargestellt, gesehen von einem Punkte senkrecht über der Ekliptik. Dabei ist aber der Einfachheit halber angenommen, daß die Ebenen des Deferenten und des Epizykels zusammenfallen, was ja infolge der geringen Abweichung sämtlicher Planeten von der Ekliptik auch beinahe der Fall ist.

In Fig. 22 ist E die Erde, die Sonne S bewegt sich in dem Kreise SI II III ... scheinbar um E, und währenddessen bewegt sich die Venus V um S im Kreise V 1 2 3 ..., so daß aus der Vereinigung beider Bewegungen die Rollinie V 1 2 3 ... als scheinbare Venusbahn folgt. Solange es sich nicht um die wirklichen Entfernungen der Venus von der Erde, sondern nur um ihre Verhältnisse handelt, wird die scheinbare Bewegung auch erklärt, wenn man die Halbmesser des Deferenten und des Epizykels, beide im selben Verhältnis, verkürzt (Eq und qr in Fig. 22) und den Mittelpunkt des letzteren stets auf der geraden Linie von der Erde nach der Sonne sich befinden läßt.

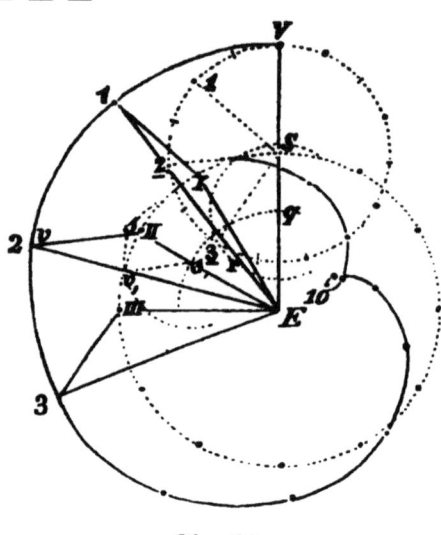

Fig. 22.

Man sieht aus der Figur, daß bei V eine obere

Scheinbare Bewegung der Planeten. 83

Konjunktion stattfindet, weil hier Venus auf die östliche Seite der Sonne tritt, bei 10 eine untere Konjunktion, denn die Richtungen nach der Venus und nach der Sonne sind dieselben und die Bewegung der Sonne ist eine schnellere; also wird die Venus Morgenstern. Ebenso sieht man die Schleifenbildung in der Nähe der unteren Konjunktion.

Bei den oberen Planeten ist der Deferent verschieden, für Mars am kleinsten, der Epizykel ist gleich der scheinbaren Sonnenbahn; die Geschwindigkeit des Epizykel-

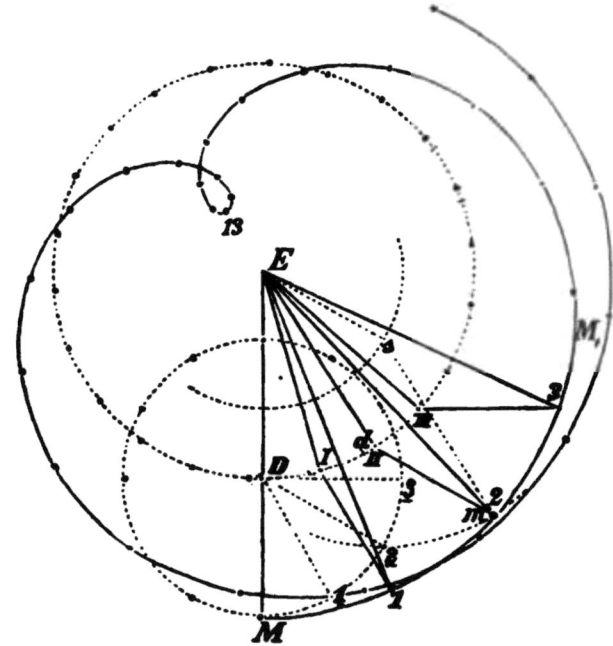

Fig. 23.

mittelpunktes im Deferenten ist kleiner als die des Planeten im Epizykel. Bei M (Fig. 23) und M_1 ist Mars in Konjunktion, bei Punkt 13 in Opposition, und hier befindet sich die Schleife.

Die Epizykelbewegung könnte aber auch dadurch hervorgebracht werden, daß der Mittelpunkt des Epizykels mit der Sonne zusammenfiele und der bisherige Deferent zum Epizykel würde. Denn wenn nach der früheren Hypothese der Mittelpunkt des Epizykels von D nach d gekommen ist und dabei sein Halbmesser sich aus der Richtung DM in die Richtung dm gedreht hat, so kann man zum Punkt m auch gelangen, indem man den Halbmesser Es = DM parallel dm zieht, also aus Richtung EDM in die Richtung dm dreht und sm gleich und parallel Ed zieht, so daß also Deferent und Epizykel bei den andern Planeten außer Merkur und Venus vertauscht werden können.

Da die beobachteten Längen der Planeten der angenommenen epizyklischen Bewegung nicht ganz entsprachen, so setzte man in der Astronomie der Alten den Mittelpunkt des Deferenten außerhalb des Erdmittelpunktes, d. h. man nahm außer dem Epizykel noch den exzentrischen Kreis zu Hilfe. Gestützt auf diese beiden Annahmen stellte Claudius Ptolemäus (um 130 n. Chr. Geb.) in seinem großen Lehrbuch, dem sogenannten Almagest, sein Weltsystem auf. Die Erde befand sich danach im Mittelpunkt des Universums, um diese lief auf dem Epizykel im exzentrischen Kreis der Mond; doch war bei diesem der Halbmesser des Epizykel so klein, daß in seiner Bahn keine Schleifen zu stande kommen. Dann folgen Merkur und Venus, bei denen der Halbmesser des Epizykels keine volle Umdrehung in einem Jahre macht und stets nach der Sonne gerichtet ist. Hierauf umkreist die Sonne die Erde einfach in einem exzentrischen Kreis. Dann weiter nach außen laufen der Reihe nach Mars, Jupiter und Saturn jeder auf seinem Epizykel, deren Halbmesser alle in einem Jahre mindestens eine Umdrehung machen, und deren Mittelpunkt je auf einem exzentrischen Deferenten mit verschiedener, aber für jeden

gleichförmiger Geschwindigkeit vorrücken. Dieses Planeten=
system wurde von der Fixsternsphäre umschlossen. —
Diese Anschauung herrschte allgemein bis zum Auftreten
des Kopernikus.

§ 13. Wahre Bewegung der Planeten.

Die verwickelten epizyklischen Bewegungen in der
Planetentheorie der Alten hat Kopernikus (geb. 1473,
gest. 1543) durch folgende, weit einfachere Erklärung be=
seitigt: Die Planeten beschreiben, jeder mit nahezu gleich=
förmiger Geschwindigkeit, kreisförmige und von der Ebene
der Ekliptik nur wenig abweichende Bahnen um die nahe=
zu im Mittelpunkte jedes dieser Kreise stehende Sonne.
Die Bahnen von Merkur und Venus werden von der
Erdbahn und letztere wird von den Bahnen der übrigen
Planeten eingeschlossen. Die Erde ist hiernach gleichfalls
ein Planet. Merkur und Venus heißen untere, die
übrigen obere Planeten. Diese
heliozentrische Auffassung erklärt
den scheinbaren Lauf der Planeten
ebensogut wie die geozentrische
der Alten.

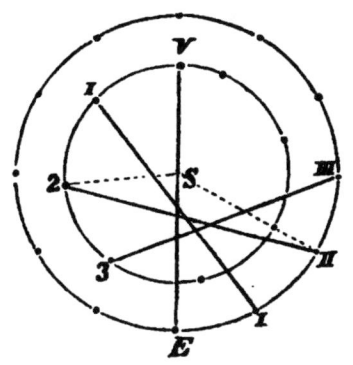

Fig. 24.

Denn wenn in Fig. 24 S
die ruhende Sonne, der innere
Kreis die wahre Venusbahn, der
äußere die Erdbahn vorstellt, die
wahre Bahn der Venus gleich
dem Epizykel in Fig. 22 ist und
von ihr in der gleichen Zeit und in der gleichen Richtung
durchlaufen wird, wie nach der geozentrischen Auffassung
der Planet V im Epizykel umläuft: so ist z. B. der Radius=
vektor S2 (Fig. 24) gleich und parallel dem Epizykelradius
s2 (Fig. 22), der Radiusvektor SII (Fig. 24) gleich und

parallel dem Radius Es (Fig. 22) des Deferenten; also ist die Linie Erde—Venus II2 (Fig. 24) bei der heliozentrischen Auffassung gleich und parallel der geozentrischen Entfernung des Planeten E2 (Fig. 22).

Ebenso verhält es sich mit den oberen Planeten, wenn man den Deferenten bei der geozentrischen Auffassung als wirkliche Bahn des Planeten um die Sonne ansieht und ihn in dieser ebenso rasch und in der gleichen Richtung umlaufen läßt, wie nach der alten Anschauung der Mittelpunkt des Epizykels auf dem Deferenten umläuft. Dann ist wieder der Erdbahnhalbmesser S2 (Fig. 25) gleich und parallel dem Epizykelhalbmesser II2 (Fig. 23), der Marsbahnhalbmesser SII (Fig. 25) gleich und parallel

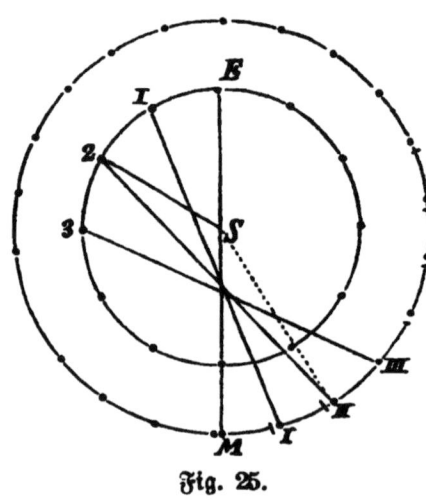

Fig. 25.

dem Halbmesser EII des Deferenten (Fig. 23), also die Strecken Erde—Mars (2II in Fig. 25, E2 in Fig. 23) in beiden Fällen gleich und parallel.

Zur Erklärung der kleinen Ungleichheiten in den synodischen Umlaufszeiten und den scheinbaren Längen der Planeten nahm Kopernikus auch die Planetenbahnen wie die Erdbahn als exzentrische Kreise an.

Die siderische Umlaufszeit eines Planeten, d. h. die Zeit, nach welcher von der Sonne aus gesehen der Planet wieder die gleiche (heliozentrische) Länge hat, ist nach der alten Anschauungsweise für die unteren Planeten gleich der Umlaufszeit der Planeten im Epizykel, für die oberen gleich derjenigen des Epizykelmittelpunktes im

Deferenten; man findet sie aus der synodischen Umlaufs=
zeit auf folgende Weise:

Bei jeder Opposition der oberen Planeten ist die
heliozentrische Länge von Erde und Planet gleich der
geozentrischen des Planeten, während für die obere Kon=
junktion der unteren Planeten die heliozentrische und
geozentrische Länge der Sonne gleich sind. Jede folgende
Opposition wird an einem im Sinne der Erdbewegung
weiter vorwärts liegenden Punkte stattfinden, und in der
Zwischenzeit wird die Erde mehr, ein oberer Planet
weniger als einen siderischen Umlauf gemacht haben,
während dies bei den unteren Planeten umgekehrt ist.
Da man nun die mittlere tägliche Bewegung der Erde
kennt, so kann man ihre Bewegung in der Zwischenzeit
zwischen beiden Oppositionen berechnen, davon 360° oder
einen Umlauf abziehen und erhält so denjenigen Weg in
Winkelmaß ausgedrückt, welchen der obere Planet in der
Zeit beschrieben hat, bis die Erde vom Orte der ersten
Opposition bis zu dem der zweiten gelangt ist. Dieser
Weg, durch die Zeit zwischen den Oppositionen dividiert, gibt
die mittlere tägliche Bewegung der oberen Planeten. Auf
ganz ähnliche Weise findet man die mittlere tägliche Bewegung
der unteren Planeten. Durch Division der mittleren täg=
lichen Bewegung in 360° erhält man die siderische Umlaufszeit.

Wegen der Ungleichförmigkeit der Bewegungen wählt
man nicht zwei unmittelbar aufeinanderfolgende Oppo=
sitionen, sondern zwei solche, welche nahe im selben Punkte
der Länge stattfinden, gerade wie bei der Bestimmung
der synodischen Umlaufszeit.

Das Verhältnis der heliozentrischen Entfernung der
Planeten zu derjenigen der Erde wird bei den unteren
Planeten durch Beobachtung der größten Digression ge=
funden; denn in diesem Falle (Fig. 26) ist die Sehlinie

EV von der Erde nach dem Planeten Tangente an die Planetenbahn, der Winkel SEV ist die größte Digression, und das rechtwinklige Dreieck SEV gibt dann das Verhältnis von SV zu SE.

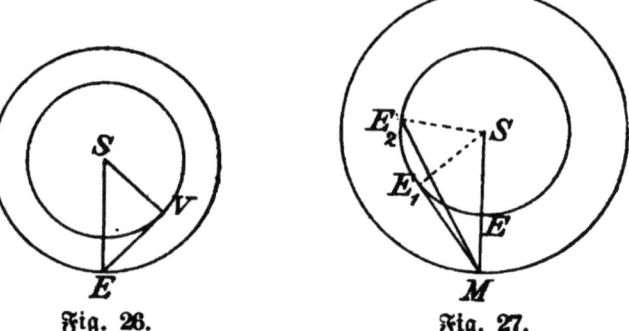

Fig. 26.   Fig. 27.

Um das gleiche Verhältnis für einen oberen Planeten zu bestimmen, beobachtet man den Winkelabstand desselben von der Sonne in den Zeiten, wo er nach einer Opposition genau einmal und zweimal einen siderischen Umlauf zurückgelegt hat; dann befindet er sich wieder in demselben Orte M seiner Bahn (Fig. 27), die Erde dagegen das eine Mal in E_1, das andere Mal in E_2. Da man nun die Entfernungen Sonne—Erde, SE_1 und SE_2, sowie den von ihnen eingeschlossenen Winkel E_1SE_2 aus den Dimensionen der Erdbahn kennt und die Winkel ME_1S und ME_2S (je als Unterschied der geozentrischen Längen von Sonne S und Planet M) beobachtet hat, so ist Dreieck SE_1E_2 völlig bekannt; dann findet man aus Dreieck ME_1E_2 die Entfernungen ME_1 und ME_2 und mit deren Hilfe schließlich SM, d. h. die Entfernung des Planeten von der Sonne und ferner seine heliozentrische Länge.

Beobachtet man gleichzeitig auch den scheinbaren Abstand des Planeten von der Ekliptik in jeder der Stellungen E_1 und E_2 der Erde, d. h. den Winkel, unter welchem sein wirklicher Abstand in den Entfernungen

Wahre Bewegung der Planeten. 89

E_1M und E_2M gesehen wird, so läßt sich, da jetzt die Entfernungen bekannt sind, dieser letztere berechnen, daher auch der Winkel, unter welchem er von der Sonne gesehen würde, oder die heliozentrische Breite des Planeten.

Geht man von anderen Oppositionen in gleicher Weise aus, wie eben geschildert, so erhält man die heliozentrische Entfernung und die heliozentrische Breite für andere heliozentrische Längen.

Auf diese Weise berechnete Johannes Kepler (1571 bis 1630) aus den für damalige Zeit vorzüglichen Ortsbestimmungen des Mars, die der Däne Tycho Brahe (1546—1601) gemacht hatte, zuerst eine genäherte Form für die Erdbahn und mit Hilfe dieser dann eine genauere Bahn des Mars, für welche er eine Ellipse fand. Bald gelang es ihm auch, diese Form bei den übrigen Planetenbahnen nachweisen zu können, so daß er 1609 das erste seiner drei berühmten Gesetze aufstellen konnte:

1) **Jeder Planet bewegt sich in einer Ellipse, in deren einem Brennpunkte die Sonne sich befindet.**

Mit demselben zugleich konnte er noch im selben Jahre sein durch Spekulation gefundenes zweites Gesetz veröffentlichen, nämlich:

2) **Der Radiusvektor eines Planeten beschreibt in gleichen Zeiten gleiche Flächen.**

Zur Illustration desselben diene Fig. 28. ABCD sei die elliptische Bahn eines Planeten um die Sonne S im Brennpunkte der Bahn. Dann besagt das zweite Keplersche Gesetz, daß, wenn der Planet gleichviel Zeit braucht, um von A nach B zu gelangen, wie

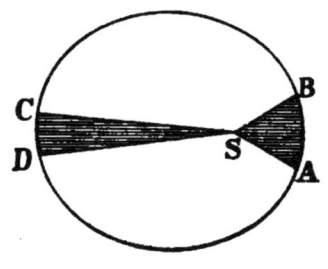

Fig. 28.

um von C nach D zu kommen, der vom Radiusvektor AS bis zur Überführung in die Stellung BS überstrichene Flächenraum ASB inhaltlich gleich ist dem vom Radiusvektor CS auf seinem Wege nach DS beschriebenen Sektor CSD. Es folgt daraus auch, warum sich ein Planet in seiner Sonnennähe schneller bewegen muß, als in seiner Sonnenferne.

Im Jahre 1618 fand Kepler sein drittes Gesetz:
3) Die Quadrate der Umlaufszeiten der Planeten verhalten sich wie die Kuben ihrer mittleren Entfernungen von der Sonne,

d. h. die Umlaufszeiten der Planeten (die der Erde = 1 gesetzt) geben, jede mit sich selbst multipliziert, eine Zahlenreihe, welche sehr nahe derjenigen gleich ist, die man erhält, wenn man die mittleren Entfernungen der Planeten (diejenige der Erde = 1 gesetzt) jede dreimal mit sich selbst multipliziert. Wie weit dieses Gesetz stimmt, beweise die nachfolgende auf alle großen Planeten ausgedehnte kleine Tabelle.

Planet	Umlaufszeit (Erde = 1)	Mittl. Entfernung (Erde = 1)	Quadrate der Umlaufszeiten	Kuben der mittleren Entfernungen
Merkur	0.241	0.387	0.058	0.058
Venus	0.615	0.723	0.378	0.378
Erde	1.000	1.000	1.000	1.000
Mars	1.881	1.524	3.54	3.54
Jupiter	11.86	5.203	140.7	140.8
Saturn	29.46	9.539	867.9	868.0
Uranus	84.02	19.183	7059.2	7059.5
Neptun	164.76	30.054	27147.2	27147.1

Um die Gestalt einer Planetenbahn angeben zu können, muß man ihre große Halbachse, oder das Mittel

Wahre Bewegung der Planeten.   91

aus den Entfernungen des Planeten im Aphel und im Perihel, und die Exzentrizität der Bahn kennen. Um den Ort des Planeten in der Bahn zu bestimmen, muß sein Ort zu einer bestimmten Zeit, der sogenannten Epoche, bekannt sein, sowie die siderische Umlaufszeit, oder statt der letzteren die mittlere tägliche Bewegung, d. h. der Bogen, welchen ein Planet von derselben Umlaufszeit täglich beschreiben würde, wenn seine Anomalie, d. h. der Winkel, den der Radiusvektor Sonne—Planet mit dem nach dem Perihel des Planeten gezogenen Radiusvektor einschließt, gleichmäßig zunähme. In Fig. 29, wo S die Sonne, π das Perihel und P der Ort des Planeten zu einer beliebigen Zeit ist, würde die Anomalie der Winkel πSP sein.

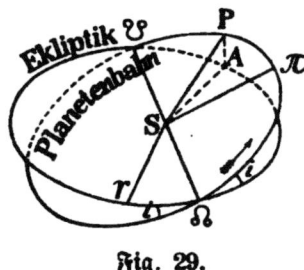

Fig. 29.

Die Lage der Bahnebene ist bekannt, wenn man ihren Neigungswinkel i gegen die Ebene der Ekliptik und die Länge des aufsteigenden Knotens ☊, d. h. also den Winkel ♈S☊, angibt. Dabei versteht man wie beim Mond unter aufsteigendem Knoten den Punkt, in welchem die Planetenbahn bei ihrem Übergange von der südlichen auf die nördliche Seite der Ekliptik diese schneidet. Die Lage der Bahn in ihrer Ebene wird durch den Winkel bestimmt, ☊Sπ, welchen der Radiusvektor nach dem Perihel π mit der Knotenlinie ☊☋ im Sinne der Planetenbewegung macht, und welcher das Argument der Breite des Perihels heißt. Statt des letzteren gibt man auch die Summe desselben und der Länge des aufsteigenden Knotens an — also ♈S☊ + ☊Sπ — unter dem Namen: Länge des Perihels; wie man überhaupt unter Länge des Planeten in der Bahn die

Summe seines heliozentrischen Winkelabstandes ☊SP von dem aufsteigenden Knoten und der Länge ♈S☊ des letzteren, sowie unter Argument der Breite den Winkel zwischen Radiusvektor und Knotenlinie, also ☊SP versteht, während ∡ ☊SA die heliozentrische Länge und ASP die heliozentrische Breite des Planeten sind.

Da von den genannten Größen durch das dritte Keplersche Gesetz die Umlaufszeit oder mittlere tägliche Bewegung aus der mittleren Entfernung folgt, wenn man beide Größen für die Erde kennt, so braucht man zur Angabe des Ortes eines Planeten sechs Stück oder Elemente, nämlich: Länge des Planeten in der Epoche, Länge des aufsteigenden Knotens, Länge des Perihels, Neigung, Exzentrizität, d. h. den gegenseitigen Abstand der Brennpunkte dividiert durch die große Achse, und die mittlere Entfernung.

Wie durch Beobachtungen in der Opposition und zu Zeiten, welche um die siderischen Umlaufszeiten von derselben verschieden sind, die Größe verschiedener Radienvektoren und deren heliozentrische Längen, sowie die Neigung der Bahn gefunden wird, ist oben angegeben worden; aus drei Radienvektoren und ihren Zwischenwinkeln läßt sich die Form und Lage der Bahnellipse berechnen.

Die Lage der Knotenlinie endlich läßt sich bestimmen, indem man die Zeit und die Länge des Planeten beobachtet, wenn der Planet sich beim Übergang von der südlichen auf die nördliche Seite der Ekliptik in dieser befindet. Man kennt dann in dem aus den zwei Radienvektoren der Erde und den Sehrichtungen nach dem Planeten gebildeten Viereck den Winkel zwischen den Radienvektoren, diese selbst und die Winkel zwischen ihnen und den Sehrichtungen nach dem Planeten, kann also das

Viereck berechnen und die Lage des Planeten, wenn er sich im Knoten befindet, in Bezug auf die Sonne angeben.

§ 14. Bahnen der neueren Planeten.

Durch die im vorigen Paragraphen gezeigte Methode ließen sich die Elemente der schon den Alten bekannten, durch ihre Lichtstärke ausgezeichneten Planeten Merkur, Venus, Mars, Jupiter, Saturn sowie der Erde mit größter Genauigkeit feststellen. Auch als Herschel im Jahre 1781 den Uranus entdeckte, der sich im Fernrohre durch seine Scheibe von etwa 4" Durchmesser und nach mehrwöchentlicher Beobachtung durch seine Eigenbewegung als Planet auswies, konnte die alte (Keplersche) Methode der Bahnbestimmung noch beibehalten werden, weil die Uranusbahn nur sehr wenig gegen die Ekliptik geneigt und nahezu kreisförmig ist. Unter dieser Annahme erhielt man bald angenäherte Elemente der Bahn und konnte daraus die Örter des Planeten zu anderen Zeiten berechnen und mit den beobachteten vergleichen. Es zeigte sich dabei, daß Uranus, welcher als Stern sechster Größe dem bloßen Auge noch sichtbar ist, schon vor Herschel von anderen Astronomen beobachtet (von Flamstead 1690 und in den folgenden Jahren fünfmal, von Tobias Mayer 1756, von Lemonnier 1768 und 1769 achtmal), aber wegen der Mangelhaftigkeit der damaligen Firsternverzeichnisse nicht als Planet erkannt worden war. Diese früheren Beobachtungen dienten dazu, genauere Werte für die Elemente zu berechnen.

Die alte Methode der Bahnbestimmung reichte jedoch für eine große Gruppe von Planeten nicht aus, deren Entdeckung unserem Jahrhundert angehört: die sogenannten kleinen Planeten oder Planetoiden.

Wegen des unverhältnismäßig großen Zwischenraums

zwischen Mars und Jupiter vermutete man längst, daß dort sich ein Planet befinde. Darauf deutete auch eine Zahlenbeziehung hin, welche die mittleren Entfernungen der Planeten von Merkur bis Uranus von der Sonne ziemlich annähernd ausdrückte, das sogenannte Tittussche Gesetz. Nimmt man nämlich die Reihe der Zahlen 0, 3, 6, 12, 24, 48, 96, 192 u. s. w. und addiert zu jeder derselben 4, so verhalten sich die Sonnenabstände von Merkur, Venus, Erde, Mars, Jupiter, Saturn, Uranus wie 4 : 7 : 10 : 16 : 52 : 100 : 196. Zwischen Mars und Jupiter bleibt eine Lücke für einen Planeten in Abstand 28. Die Vermutung eines dort befindlichen Planeten wurde bestätigt, als Piazzi am 1. Januar 1801 einen teleskopischen Stern achter Größe im Sternbild des Stiers entdeckte, dessen starke Eigenbewegung ihn als Planet erkennen ließ, und der Ceres genannt wurde. Da Piazzi die Ceres nur kurze Zeit bis zu ihrer Konjunktion mit der Sonne beobachten konnte, so schien es unmöglich, die Bahn so genau zu berechnen, daß man den Planeten später wieder hätte auffinden können.

Diese Aufgabe, aus wenigen nahe beieinanderliegenden Beobachtungen eines Planeten unter Zugrundelegung der Keplerschen Gesetze die Elemente der Bahn zu berechnen, löste Gauß im Jahre 1801 (theoria motus corporum coelestium 1809). Dadurch konnte nicht nur die Ceres am 1. Januar 1802 wieder aufgefunden werden, sondern auch für alle später entdeckten kleinen Planeten die Bahnen aus wenigen Beobachtungen genau bestimmt werden. Die nächsten, welche nach Ceres entdeckt wurden, waren Pallas (1802 von Olbers), Juno (1804 von Harding), Vesta (1807 von Olbers). Nach längerem Stillstand begann die Auffindung weiterer Planetoiden im Jahre 1845, als Hencke die Asträa fand. Seither ist jedes Jahr eine größere Anzahl entdeckt worden, so daß man gegenwärtig etwa 500 kennt. Die Konstatierung dieser kleinen Himmelskörper als Planeten ist wesentlich begünstigt durch die Konstruktion genauer Fixsternkarten (Ekliptikalkarten der Berliner Akademie). Neuerdings leistet die Photographie bei der Entdeckung kleiner Planeten sehr gute Dienste. Bringt man nämlich am Fernrohr einen photographischen Apparat an und läßt das Rohr durch ein nach Sternzeit gehendes Uhrwerk stundenlang genau der täglichen scheinbaren Bewegung des Himmelsgewölbes folgen, so werden die Bilder aller Fixsterne als Punkte erscheinen, wogegen die Sterne mit merklicher Eigenbewegung eine Reihe nebeneinanderliegender Bilder, also eine Lichtlinie, auf der lichtempfindlichen Platte hinterlassen.

Der Gang einer Planetenbahnberechnung nach Gaußscher Methode ist in seinen Grundzügen der folgende: Aus drei Beobachtungen eines Planeten in Rektaszension und Deklination kann man mit Rücksicht auf die bekannte Refraktion, Ekliptikschiefe, Präzession, Nutation, Aberration die geozentrische Länge und Breite des Planeten in den drei Stellungen berechnen. Dadurch sind drei von der Erde ausgehende Richtungen gegeben. Auf je einer derselben muß einer der Planetenörter liegen. Diese letzteren müssen aber in einer durch die Sonne gehenden Ebene enthalten sein; dadurch erhält man eine Beziehung zwischen den unbekannten Radienvektoren von der Sonne nach den Planetenörtern und ihren Zwischenwinkeln einerseits und den bekannten geozentrischen Längen und Breiten andererseits. In dieser Gleichung kommen jedoch außer dem Radiusvektor nach dem mittleren Planetenort im wesentlichen nur noch die Verhältnisse der Flächen derjenigen Dreiecke vor, welche durch je zwei Radienvektoren und die ihre Endpunkte verbindende Sehne gebildet werden.

Weil aber nach dem zweiten Keplerschen Gesetze die von den Radienvektoren überfahrenen elliptischen Sektoren proportional den Zeiten sind, so kann man als erste Annäherung zuerst die Verhältnisse jener Dreiecksflächen durch die Verhältnisse der Sektoren, d. h. durch die Verhältnisse der Zwischenzeiten ersetzen, wodurch man eine Näherungsgleichung für den mittleren Radiusvektor bekommt. Aus ihm und den angenäherten Verhältnissen der Dreiecksflächen erhält man dann auch die beiden übrigen Radienvektoren und ihre Zwischenwinkel in erster Annäherung. Dadurch findet man mittelst der geozentrischen Längen und Breiten auch angenäherte Werte für die heliozentrischen Längen und Breiten. Die so gewonnenen Näherungswerte benutzt man, um genauere Werte für die Verhältnisse der Dreiecksflächen zu finden und mit diesen dann die Rechnung zu wiederholen, bis schließlich eine letzte Wiederholung keine Änderung in den Radienvektoren und ihren Zwischenwinkeln mehr hervorbringt. Da aber die Bahn eine Ellipse mit der Sonne als Brennpunkt ist, so findet man schließlich aus den Radienvektoren und ihren Zwischenwinkeln die große Halbachse der Bahn, d. h. die mittlere Entfernung, die Exzentrizität und die Anomalie des mittleren Radiusvektors, also auch die Lage des Perihels; aus den heliozentrischen Breiten zweier Planetenörter endlich findet man die Lage der Knotenlinie und die Neigung. Die Umlaufszeit findet man aus der mittleren Entfernung durch das dritte Keplersche Gesetz.

Unter den bis jetzt in ihren Bewegungen genau berechneten und mit Namen versehenen kleinen Planeten kommt Thule (279) dem Jupiter und Hungaria (434) dem

Mars am nächsten mit den mittleren Entfernungen (Erde = 1) 4,2625 bezw. 1,9438 oder in Mill. Kilom. 637,2 bezw. 290,6; ihre Umlaufszeiten sind 3214,39 Tage bezw. 989,85 Tage.

Die größte Neigung gegen die Ekliptik hat Pallas, nämlich $34° 37' 30'',8$, die kleinste Massalia (20) mit $0° 41' 14'',1$. Die größte Exzentrizität hat die Bahn der Istria (183), sie beträgt 0,3491, die kleinste die der Iclea (286), nämlich 0,0146, d. h. die Sonne steht vom Mittelpunkte der Bahn der Istria 52,2, von dem der Bahn der Iclea 2,2 Mill. Kilom. ab.

Was die Größen der kleinen Planeten anbetrifft, so lassen sich die Durchmesser nur von drei oder vier der größten mit den mächtigsten Fernrohren direkt messen, aber diese Messungen sind auch nicht besonders sicher. Einen Anhalt für die ungefähre Größe auch der übrigen kleinen Planeten kann man sich dadurch verschaffen, daß man hypothetische Annahmen über die Stärke macht, mit der sie das auf sie fallende Licht reflektieren. Die Werte, die man auf diese Weise für die Durchmesser der kleinen Planeten berechnen kann, sind zwar sehr unsichere, geben aber doch eine genäherte Vorstellung von der Größe derselben. Danach würde der Planet (452) den kleinsten äquatorialen Durchmesser von 10 Kilom. haben, während Vesta (4) den größten von 834 Kilom. hätte.

Noch unsicherer ist die Massenbestimmung, und man kann nur unter der Annahme, daß die Dichte der kleinen Planeten im Mittel gleich der Dichtigkeit der Erde ist, zu einer Schätzung der Gesamtmasse aller kleinen Planeten kommen. Diese würde danach der 900. Teil von der Erdmasse sein, oder die Sonnenmasse wäre 298 000 000 mal größer als die Masse aller kleinen Planeten zusammen. Diese Angaben dürften Maximalwerte für die Masse der kleinen Planeten bedeuten.

Bei den obigen Angaben über die Bahnverhältnisse der kleinen Planeten ist der von Witt am 13. August 1898 in Berlin auf photographischem Wege entdeckte Planet (433) Eros nicht mit berücksichtigt, weil dieser durch seine eigentümlichen Bahnverhältnisse eine gesonderte Stellung unter den kleinen Planeten einnimmt. Derselbe ist nämlich bis jetzt der einzigste, dessen Bahn nicht zwischen der von Mars und Jupiter verläuft, sondern teilweise innerhalb der Marsbahn. Dieselbe hat eine Exzentrizität von 0,2229, d. h. die Sonne steht 33,3 Mill. Kilom. vom Mittelpunkte der Bahn ab. Der Planet hat in seinem Aphel einen Abstand von 251,3 und in seinem Perihel von 184,7 Mill. Kilom. von der Sonne und durchläuft seine Bahn in 643,1 Tagen. Eros kommt natürlich der Erde auch näher als irgend ein anderer der kleinen Planeten und kann daher trotz seiner Kleinheit (äquatorialer Durchmesser 32 Kilom.) so hell erscheinen, wie sonst nur die größten der kleinen Planeten, nämlich $6\frac{1}{2}$ ter Größe; doch erreicht er diese Helligkeit nur in den günstigsten Oppositionen. Eigentümliche Helligkeitsschwankungen, die während der Opposition von 1900/01 an ihm beobachtet wurden, deuten darauf hin, daß er entweder von ungleichmäßiger Gestalt oder ungleichmäßiger Färbung an der Oberfläche ist.

Auf einem ganz anderen Wege als die bisher angeführten Planeten wurde der bis jetzt am weitesten von der Sonne entfernte, Neptun, entdeckt. Die im Jahre 1821 von Bouvard berechneten Tafeln für die Bewegung des Uranus stimmten nämlich schon nach wenigen Jahren nicht mehr mit den wahren Örtern des Planeten überein. Schon Bessel führte dies 1823 auf Störungen (siehe § 16) zurück, welche von einer von außen wirkenden Kraft herkommen müßten, da sie durch die bekannten

Planeten nicht erklärt werden konnten. Daraus schloß man auf das Dasein eines unbekannten Planeten in größerer Entfernung von der Sonne als Uranus. Leverrier untersuchte 1845 und 1846 die Abweichungen des Uranus von seiner elliptischen Bahn genauer und berechnete unter der Annahme, daß der unbekannte Planet, welcher dieselben verursache, nahezu den doppelten Sonnenabstand wie Uranus habe*), und daß seine Bahn in die Ebene der Ekliptik falle, die Bahnelemente und den wahrscheinlichen Ort für 1847. Galle entdeckte den Planeten in Berlin, wo eben erst dasjenige Blatt der akademischen Sternkarten, das die betreffende Stelle des Himmels enthielt, fertig geworden war, am 23. September 1847 nur 1° von dem vorher bezeichneten Orte. Schon ein Jahr vorher hatte Adams in Oxford unabhängig von Leverrier seine Bahn gleichfalls aus den Störungen des Uranus berechnet; er war aber von den Astronomen Airy und Challis, welchen Adams seine Resultate mitteilte, nicht aufgefunden worden.

Die im vorigen Paragraphen als „Elemente" bezeichneten Größen für die großen und (soweit sie berechnet sind) kleinen Planeten findet man am vollständigsten und genauesten im „Berliner Astronomischen Jahrbuch" zusammengestellt; diejenigen Angaben, nach denen man sich eine Vorstellung von den Bahnen und Größenverhältnissen der 8 Hauptplaneten machen kann, sind zum Schluß von § 16 (Seite 113) zusammengestellt.

---

*) Was nach dem oben erwähnten Titiusschen Gesetz so sein müßte. Dieses Gesetz stimmt aber für Neptun durchaus nicht; denn die Verhältniszahl für seinen Sonnenabstand müßte danach 388 sein, während sie in Wirklichkeit nur 300 ist.

§ 15. Bewegung der Planetenmonde.

Wie die Erde vom Monde umkreist wird, so haben auch andere Planeten ihre Begleiter, welche um dieselben herumlaufen; man nennt sie ebenfalls Monde, auch Trabanten oder Satelliten.

Die am leichtesten sichtbaren sind die vier hellsten Monde des Jupiter, welche wahrscheinlich im Dezember 1609 von Simon Marius in Ansbach und sicher unabhängig davon im Januar 1610 von Galilei in Padua zuerst mit dem Fernrohr gesehen und der wissenschaftlichen Welt bekanntgegeben wurden. Am 9. September 1892 entdeckte Barnard mit dem Riesenfernrohr der Licksternwarte in Kalifornien einen fünften, sehr kleinen und lichtschwachen Trabanten des Jupiter, der in seinen Verhältnissen sich so wesentlich von den andern vier unterscheidet, daß er gesondert besprochen werden soll; die nachfolgenden Bemerkungen beziehen sich also nur auf die vier hellsten Jupitersatelliten, welche man vom Jupiter anfangend mit I—IV zu bezeichnen pflegt. Ihre Bewegung um den Jupiter geht, von der Erde aus gesehen, ganz ähnlich vor sich, wie diejenige eines unteren Planeten um die Sonne; man beobachtet daher ihre größten Digressionen vom Jupiter, ihre Konjunktionen, d. h. ihre Vorübergänge vor der Jupiterscheibe, und ihre Oppositionen, während welcher sie durch den Jupiter verdeckt werden. Aus diesen Beobachtungen lassen sich wie bei den unteren Planeten die Umlaufszeiten um den Planeten und die mittleren Entfernungen finden.

Die drei ersten Jupitersmonde tauchen bei jedem Umlaufe in den Schatten des Jupiter und werden verfinstert; der vierte bleibt hie und da unverfinstert, wenn er sich in seinem größten Abstande von der Bahnebene Jupiters befindet. Die Verfinsterungen sind von um so längerer Dauer, je näher der Trabant an der Achse des Schattenkegels vorbeigeht, d. h. je näher er der Bahnebene Jupiters und damit der Knotenlinie seiner Bahn mit derjenigen Jupiters ist. Daher bietet die Beobachtung der Finsternisse ein Mittel, um die Lage der Knotenlinie und die Neigung der Bahn zu berechnen. Infolge davon ist es möglich, mit Rücksicht auf die bekannte Bewegung des Planeten jederzeit aus der beobachteten geozentrischen Stellung eines Jupitersmondes seine jovizentrische zu ermitteln. Genauere Beobachtungen haben dann gezeigt, daß die Bahnen dieser Monde Ellipsen mit dem Jupiter als Brennpunkt sind, daß die Radienvektoren vom Jupiter aus in gleichen Zeiten gleiche Flächenräume überfahren, und daß auch das dritte Keplersche Gesetz für sie Geltung hat.

Zwischen den drei inneren Monden finden außerdem noch folgende merkwürdige Beziehungen statt:

Die einfache mittlere Bewegung des ersten Mondes und die doppelte des dritten ist gleich der dreifachen des zweiten.

Die mittlere (jovizentrische) Länge des ersten und die doppelte des dritten ist gleich der dreifachen des zweiten, vermehrt um 180°.

Die Knotenlinien der Bahnen aller vier Monde fallen sehr nahe zusammen, und ihre Bahnebenen sind gegen die Ekliptik nur sehr wenig geneigt.

Die Beobachtung der Finsternisse dieser Monde veranlaßte den dänischen Astronomen Olaus Römer im Jahre 1675 zur Entdeckung der Geschwindigkeit des Lichtes. Er bemerkte, daß die Finsternisse um 16 Minuten später eintraten, als es der Rechnung nach hätte sein sollen, wenn Jupiter sich in seiner größten Erdferne befand, während die der Rechnung zu grunde liegenden

Tafeln auf Beobachtungen zur Zeit der Opposition, also in der Erdnähe des Jupiters beruhten. Diese Verspätung mußte daher kommen, daß das Licht zur Zurücklegung des Unterschieds der beiden geozentrischen Entfernungen, also des Erdbahndurchmessers, Zeit braucht.

Es legt nach genaueren Beobachtungen den Erdbahnhalbmesser in $8^m\ 13^s$ zurück.

Da die Verfinsterungen der Jupitersmonde von einem großen Teil der Erde aus gleichzeitig gesehen werden können, so hat man sich ihrer als Signal zur Vergleichung der Zeitunterschiede verschiedener Erdorte, also zur Bestimmung der geographischen Längen, bedient; jedoch finden sie wegen des Halbschattens nicht momentan statt; deshalb ist die Uhrvergleichung mit ihrer Hilfe keine sehr genaue.

Außer den Verfinsterungen der Jupitersmonde durch Jupiter kommen auch teilweise Verfinsterungen Jupiters durch die Monde vor, wenn sie zwischen Sonne und Jupiter stehend ihren Schatten auf die helle Jupiterscheibe werfen und dort eine Sonnenfinsternis erzeugen; endlich kann es sich auch ereignen, daß ein Mond den anderen verfinstert.

Diese Verfinsterungen und Vorübergänge vor der Jupitersscheibe finden für den Jupitertrabanten V natürlich ebenso statt, aber sie sind bei der Kleinheit und Lichtschwäche dieses Trabanten selbst in den größten Fernrohren nicht zu beobachten; wie denn derselbe überhaupt nur zu sehen ist, wenn er nicht zu nahe an der Planetenscheibe steht, so daß man deren Licht gut abblenden kann. — Wegen der geringen Entfernung des Trabanten vom Hauptplaneten und seiner geringen Größe sind bei der starken Abplattung des Jupiter die Bahnelemente des Trabanten V sehr stark veränderlich; z. B. macht die

Apsidenlinie seiner Bahn während eines Jahres $2^1/_2$ Umläufe in der Bahnebene.

Da die Bewegung der übrigen Satelliten um ihre Planeten derjenigen der Jupitersmonde ganz ähnlich ist und insbesondere die Keplerschen Gesetze für alle diese Himmelskörper gelten, so mögen dieselben nur in Kürze angeführt werden.

Saturn hat acht Monde, deren sechsten (vom Saturn aus gerechnet) Huygens 1655 entdeckte, während der achte, fünfte, vierte, dritte von Cassini 1671 bis 1684, der erste und zweite von Herschel 1789, der siebente von Bond 1848 gefunden wurde. Ihre Namen sind in der Reihenfolge gegen außen: Mimas, Enceladus, Thetis, Dione, Rhea, Titan, Hyperion, Japetus. Mit Ausnahme des siebenten haben sie sehr nahe kreisförmige Bahnen, und mit Ausnahme des achten haben diese Bahnen sehr nahe dieselbe Neigung und dieselbe Knotenlinie.

Zwischen den Umlaufszeiten bestehen einige einfache Beziehungen: es beträgt die Umlaufszeit des dritten Mondes nahe das Doppelte von derjenigen des ersten, die des vierten das Doppelte von der des zweiten, die des siebenten das Fünffache von der des fünften, die des achten das Fünffache von der des sechsten; doch sind die beiden letzteren Beziehungen nur genähert richtig.

Von den vier Trabanten des Uranus wurden die zwei äußeren, Titania und Oberon, 1787 von Herschel, die beiden inneren, Ariel und Umbriel, 1846 von Lassell entdeckt. Auch ihre Bahnen, sämtlich mit kleiner Exzentrizität, fallen sehr nahe in eine Ebene und haben sehr nahe dieselbe Knotenlinie; sie zeichnen sich aber vor den bisher erwähnten Satellitenbahnen dadurch aus, daß sie nahe senkrecht auf der Ekliptik stehen und die Bewegung in ihnen nicht von Westen nach Osten, wie bei jenen und bei den Planeten (also rechtläufig), sondern in entgegengesetzter Richtung, rückläufig, geschieht; es hat also den Anschein, als ob diese Bahnen mit ursprünglich rechtläufiger Bewegung um etwas mehr als 90° geneigt worden wären.

Der 1846 von Lassell entdeckte Mond des Neptun ist ebenfalls rückläufig, oder er ist nach anderer Auffassung rechtläufig, wenn man seine Neigung zu 145° annimmt.

Eine sehr wichtige Entdeckung von Satelliten wurde 1877 von A. Hall in Washington gemacht durch Auffindung von zwei Marsmonden, Phobos und Deimos. Sie haben nur sehr geringen Abstand vom Mars, daher sehr kurze Umlaufszeit ($7^1/_2{}^h$ und $30^1/_4{}^h$): diejenige des äußeren ist nahe das Vierfache von der des inneren, sowohl die Neigung als die Lage der Knotenlinie sind nahe dieselben. Die Exzentrizität der Bahnen ist klein und die Bewegung rechtläufig. Da Phobos etwa dreimal so schnell um den Mars läuft, als dieser um seine Achse rotiert, so geht er — vom Mars aus gesehen — im Westen auf und im Osten unter; ferner müssen Sonnen- und Mondfinsternisse dort sehr häufig, aber bei der Kleinheit der Monde sehr wenig auffallend sein.

Die folgende kleine Tabelle gibt einige für die Kenntnis der Trabanten wichtige Daten, wobei bemerkt sei, daß die Helligkeitsangaben derselben in Sterngrößen (§ 22) sich auf die Entfernungen von Erde und Sonne beziehen, die sie haben, wenn ihr Hauptplanet sich in mittlerer Opposition befindet. Die Durchmesser der Satelliten entziehen sich direkter Messung und sind lediglich aus den Helligkeiten derselben abgeleitet, d. h. also recht unsicher.

Namen der Monde	Umlaufszeit (tropisch)	Mittl. Abstand vom Planetenmittelpunkt	Helligkeit in Sterngrößen	Äquator-Durchmesser in Kilom.
	h m s			
Phobos	7 39 15.1	9340 km	12.8	10
Deimos	1d 6 17 54.0	23 320	13.1	~10
Jupiters I	1 18 27 33.5	426 480	5.9	4060
Jupiters II	3 13 13 42.1	678 660	6.0	3410
Jupiters III	7 3 42 33.4	1082 590	5.5	5770
Jupiters IV	16 15 32 11.2	1904 340	6.7	4810
Jupiters V	0 11 57 22.7	183 400	—	—
Mimas	0 22 37 5	184 450	12.8	470
Enceladus	1 8 53 7	236 820	12.3	590
Thetis	1 21 18 26	293 350	11.3	920
Dione	2 17 41 9	375 460	11.5	870
Rhea	4 12 25 12	527 200	10.8	1200
Titan	15 22 41 23	1218 600	9.4	2260
Hyperion	21 6 39 37	1491 800	13.7	310
Japetus	79 7 54 17	3545 000	11.7	780
Ariel	2 12 29 21.1	228 600	—	—
Umbriel	4 3 27 37.2	318 350	—	—
Titania	8 16 56 29.5	522 300	14.7	942
Oberon	13 11 7 6.4	698 600	14.8	875
Neptuns Mond	5 21 2 44.2	399 700	13.6	3600

§ 16. Mechanische Erklärung der Planetenbewegung. Masse und Dichtigkeit der Planeten.

Die Gesetze, nach welchen die Ortsveränderungen der Planeten und ihrer Monde stattfinden, sind dieselben, nach welchen die Bewegungen der Körper auf der Erde vor sich gehen. Die hauptsächlichsten der letzteren sind folgende: Befindet sich ein Körper in Ruhe, so kann er nur durch eine äußerliche Ursache in Bewegung gesetzt werden; und wird er durch irgend eine plötzlich wirkende Ursache bewegt, so verharrt er im Zustande der Bewegung und geht geradlinig mit gleichförmiger Geschwindigkeit weiter, solange nicht eine hindernde (Luftwiderstand, Reibung ꝛc.) oder vorwärtstreibende Kraft auf ihn ausgeübt wird. Man nennt dieses Gesetz das der **Trägheit**. Wenn dagegen ein vorher in Ruhe befindlicher Körper sich bewegt, oder ein mit gleichförmiger Geschwindigkeit geradlinig sich bewegender Körper die Geschwindigkeit oder die Bewegungsrichtung ändert, so muß eine äußere Ursache vorhanden sein, welche diese Zustandsänderung hervorbringt; diese Ursache nennt man **bewegende Kraft**. Sie ist doppelt, dreifach größer, wenn sie in Körpern von doppelter, dreifacher Masse dieselben Bewegungsänderungen hervorbringt. Die Geschwindigkeitsänderung, welche ein Körper unter dem Einflusse einer bewegenden Kraft in der Zeiteinheit erfährt, nennt man seine **Beschleunigung**, und die Kraft, welche in einem Körper von der Masseneinheit diese Beschleunigung hervorruft, **beschleunigende Kraft**.

Wirken auf einen und denselben Punkt nach verschiedenen Richtungen zwei Kräfte von gleicher oder verschiedener Größe, so findet seine Bewegung so statt, wie wenn er von einer einzigen Kraft bewegt würde, deren Richtung und Größe durch die Diagonale des aus den beiden ersten Kräften bestimmten Parallelogramms sich ergibt.

Da die Planeten sich in krummlinigen Bahnen bewegen, so folgt, daß sie durch eine beständig wirkende Kraft stets aus der geradlinigen Bahn abgelenkt werden; die Ritupng derselben geht aus dem zweiten Keplerschen

Gesetze hervor: Nimmt man (Fig. 30) die aufeinander=
folgenden Zeitabschnitte so klein an, daß die in ihnen
beschriebenen Bogen AB und BC als geradlinig angesehen
werden können, so werden die elliptischen Sektoren zwischen
den Radienvektoren SA, SB, SC zu Dreiecken, welche
gleichen Flächeninhalt haben; zieht man nun CE parallel

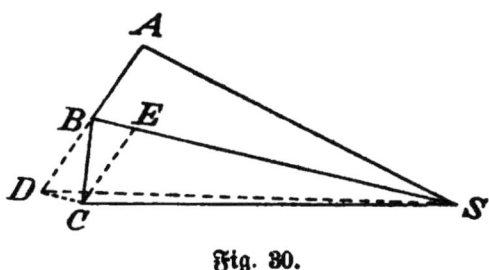

Fig. 30.

AB und sind die Verhältnisse außerdem so gewählt, daß
es gleich AB ist, so muß, wenn man CD parallel
BS zieht, nun auch DB = AB sein. Ferner ist dann
der Flächeninhalt von Dreieck SBD = dem von Dreieck
SBC, also auch = dem von Dreieck SAB. Nun würde
ohne Einwirkung der ablenkenden Kraft durch die im
ersten Zeitteil erlangte Geschwindigkeit der Planet nach
D gekommen sein; BC ist also die Diagonale des Parallelo=
gramms aus der im ersten Zeitteil erlangten Beschleu=
nigung BD und einer zweiten, BE an Größe und Richtung
gleichen Kraft, welche den Planeten aus seiner ersten
Richtung AB ablenkt.

Diese ist somit beständig nach der Sonne gerichtet,
oder wie man sich ausdrückt, die Planeten werden
von der Sonne angezogen. Die Mechanik beweist
ferner, daß, wenn ein Körper sich in einer Ellipse bewegt,
die von einem Punkt ausgehende Kraft, welche ihn darin
erhält, dem Quadrate des Radiusvektors umgekehrt pro=
portional sein muß. Ferner zeigt die Mechanik, daß, wenn

verschiedene Körper von gleicher Masse mit einer nach dem umgekehrten Verhältnis des Quadrats der Entfernung wirkenden Kraft von einem Punkte angezogen werden, zwischen ihren Entfernungen und Umlaufszeiten das dritte Keplersche Gesetz besteht.

Es ist also dieselbe von der Sonne ausgehende Anziehungskraft, welche alle Planeten in ihren elliptischen Bahnen erhält, und ebenso wie die Bewegung der Planeten um die Sonne wird auch die Bewegung unseres Mondes um die Erde, sowie der übrigen Monde um ihre Hauptkörper durch eine anziehende Kraft der letzteren erklärt. Denn auch diese Bewegungen richten sich nach den Keplerschen Gesetzen. Es ist dieselbe Kraft, welche alle irdischen Gegenstände, wenn sie von der Erde getrennt werden, nach ihr zurücktreibt, oder die Kraft der Schwere, die Anziehungskraft.

Newton (geb. 1643, gest. 1727, neuen Stils) folgerte aus diesen und ähnlichen von ihm angestellten Untersuchungen, daß je zwei Teile der Materie sich gegenseitig anziehen, und daß diese anziehende Kraft sich direkt wie das Produkt der Massen der beiden Teile und umgekehrt wie das Quadrat ihrer Entfernung voneinander verhält.

Es werden daher nicht nur die Planeten von der Sonne, sondern auch diese von jenen und überhaupt je zwei Körper des Systems voneinander angezogen. Eine Folge davon ist, daß die Planeten genau genommen nicht um den Sonnenmittelpunkt als Brennpunkt ihrer Bahn kreisen, sondern daß sowohl Sonne als Planet um ihren gemeinschaftlichen Schwerpunkt Ellipsen beschreiben. Dieser Schwerpunkt liegt aber wegen der viel größeren Masse der Sonne sehr nahe beim Mittelpunkt der letzteren.

Ferner folgt daraus eine kleine Korrektion des dritten Keplerschen Gesetzes, insofern nicht die Quadrate der Umlaufszeiten selbst, sondern ihre Produkte mit der Masse von Sonne und Planet zusammen sich wie die Kuben der großen Achsen verhalten. Hierdurch werden die Abweichungen von den Keplerschen Gesetzen, welche früher der Ungenauigkeit in den Beobachtungen zugeschrieben wurden, vollständig erklärt. Auch andere Erscheinungen finden durch das Newtonsche Attraktionsgesetz ihre Erklärung, wie das Rückwärtsgehen der Äquinoktien, d. h. also die Präzession. Wenn nämlich ein Umdrehungskörper um seine geometrische Achse sich dreht, so hat letztere das Bestreben, ihre Richtung unverändert zu erhalten. Wenn dagegen eine Kraft auf den Körper wirkt, welche nicht durch seinen Schwerpunkt geht, so beschreibt die Drehachse unter deren Einfluß einen Kegel. Eine solche Kraft ist aber die Anziehung der Sonne auf die abgeplattete Erde, in welcher die der Sonne näheren Teile stärker angezogen werden als die entfernteren. Ebenso erklärt sich die Erscheinung von Ebbe und Flut*) daraus, daß der Mond die ihm gegenüber befindliche Wasseroberfläche stärker anzieht als den entfernteren Meeresgrund, während an der vom Monde abgewandten Seite der Erde der Meeresgrund, weil dem Monde näher, stärker angezogen wird als das Wasser. An diesen beiden Stellen muß daher eine Anhäufung des Wassers stattfinden. In dem dazwischen befindlichen Großkreis, dessen Ebene auf der Linie Erde—Mond senkrecht steht, sind dagegen Oberfläche und Grund des Meeres gleich weit vom Monde entfernt; dort findet also keine Verschiedenheit der Anziehungen statt.

Durch die gegenseitige Anziehung, welche die

---

*) Siehe Sammlung Göschen Nr. 26 Physische Geographie.

Planeten aufeinander ausüben, werden dieselben, wenn sie in die Nähe voneinander kommen, etwas aus ihren elliptischen Bahnen heraus einander genähert. Man nennt diese Abweichungen von den Keplerschen Gesetzen Störungen.

Laplace hat in seiner mécanique céleste, allein auf das Newtonsche Attraktionsgesetz sich stützend, nachgewiesen, daß infolge der gegenseitigen Anziehung die Elemente aller Planeten in ähnlicher Weise, wie dies oben (§ 8) von der Erde gezeigt wurde, sich langsam verändern; nur die mittleren Entfernungen und daher, wegen des dritten Keplerschen Gesetzes, auch die siderischen Umlaufszeiten sind unveränderlich. Dagegen bewegen sich nicht nur die Knoten- und die Apsidenlinien, sondern es sind auch die Neigungen und die Exzentrizitäten fortwährenden Veränderungen unterworfen; da nun aber nach Laplaces Entdeckungen die letzteren Änderungen periodische sind, das heißt in mehr oder minder langen Zwischenräumen zwischen gewissen engen Grenzen hin und her schwanken, so ist die Gefahr einer fortwährend im selben Sinne wirkenden Anhäufung der störenden Kräfte ausgeschlossen: Das Planetensystem befindet sich im Zustande stabilen Gleichgewichts.

Laplace hat insbesondere bewiesen, daß solche fortwährend in einem Sinne wirkenden störenden Kräfte zwischen zwei Planeten nur dann entstehen können, wenn ihre mittleren Bewegungen sich genau wie zwei ganze Zahlen verhalten. Ein solches Verhältnis ist bis jetzt unter den Umlaufszeiten der Planeten nicht angetroffen worden, dagegen nähert sich bei Jupiter und Saturn das Verhältnis ihrer Umlaufszeiten sehr dem Verhältnisse 2:5; infolge davon zeigen auch diese beiden Planeten eine gegenseitige Störung von sehr langer Periode, welche lange Zeit für eine im selben Sinne andauernde (säkulare) Störung gehalten wurde.

Durch Vergleichung der anziehenden Kräfte, welche die Erde auf den Mond und die Sonne auf die Erde ausüben, erhält man nach Newtons Gesetz das Verhältnis der Erdmasse zur Sonnenmasse. Auf dieselbe Art ergeben sich die Massen des Mars, Jupiter, Saturn, Uranus, Neptun im Vergleich zur Sonnenmasse. Die Masse der Venus wurde durch die Störungen bestimmt, welche sie im Laufe der Erde und des Mars hervorbringt, diejenige des Merkur durch ihren Einfluß sowohl auf die Bewegung der Venus als auf den Enckeschen Kometen, welcher ihm bisweilen sehr nahe kommt.

Aus den Verhältnissen der Massen finden sich die Verhältnisse der Dichtigkeiten der Planeten, da sich die letzteren direkt wie die Massen und umgekehrt wie die Volumina der Körper verhalten.

Die Dichtigkeit der Erdkugel ist durchschnittlich 5,6mal so groß als die des Wassers. Zur Bestimmung derselben haben Maskelyne, Cavendish, Baily, Reich, Airy, Jolly, Wilsing verschiedene Methoden angewendet: entweder wurde die Ablenkung eines Bleilots durch die Anziehung eines benachbarten Berges beobachtet; oder es wurde die Ablenkung, welche ein außen mit zwei kleinen Kugeln versehener, in der Mitte an einem feinen Drahte aufgehängter Balken (eine Drehwage) durch die Anziehung eines größeren Körpers von bekanntem Gewichte erfährt, und welche der Anziehung dieses Körpers proportional ist, mit der Anziehung, welche die Kugel der Drehwage von der Erde erleidet, d. h. mit ihrem Gewichte, verglichen; oder man beobachtete den Unterschied der Schwingungszeiten von Pendeln in großer Höhe und in großer Tiefe unter dem Erdboden oder unter dem Einflusse benachbarter Massen von bekanntem Gewichte; oder endlich wurde ein und derselbe Körper zuerst unter dem bloßen Einfluß der Erdanziehung, sodann unter demjenigen der vereinigten Anziehung der Erde und einer nahen Masse von bekanntem Gewichte gewogen.

Aus den Verhältnissen zwischen den Massen und den räumlichen Größen der Sonne und der Planeten lassen sich noch die Verhältnisse zwischen den Gewichten berechnen, mit denen ein und derselbe Körper auf den Oberflächen der Sonne und der verschiedenen Planeten und ihrer Monde lastet. Proportional diesen Gewichten sind die Längen der Sekundenpendel, sowie die Fallräume der Körper in der ersten Sekunde.

Auf der Erde ist die Schwerkraft unter dem Äquator 9,77989 m, unter 45° Breite 9,80599; ihre Zunahme gegen die Pole ist proportional dem Quadrat des senkrechten Abstandes des Beobachtungsortes von der Ebene des Äquators.

Die Länge des Sekundenpendels ist unter dem Äquator 0,99101 m, unter 45° Breite 0,99356; ihre Zunahme befolgt das gleiche Gesetz wie die Schwere. Die Fallhöhe in der ersten Sekunde ist die Hälfte der Schwere.

Wie diese Größen sich für die andern Planeten ergeben, geht aus der hier folgenden Tabelle hervor, in der alle Zeitangaben in mittlerer Zeit, bez. julianischen Jahren zu 365 1/4 mittleren Tagen gemacht sind. (Siehe nächste Seite.)

Namen	Zeichen	Abstände in Mill. Kilom. von der Sonne			Siderische Umlaufszeit um die Sonne in julianischen Jahren und mittlerer Zeit				Durchmesser des Äquators		Scheinb. Durchm. von d. Erde gesehen		Rotationsdauer in mittlerer Zeit
		größte	kleinste	mittlere	d	h	m	s	(Erde = 1)	Kilometer	größter	kleinster	
Sonne	☉			147.0					109.052	1390063	1956."5	1891."9	25d 4h 29m
Merkur	☿	69.4	45.6		87	23	15	44	0.373	4816	12.9	4.5	?
Venus	♀	108.3	106.7		224	16	49	8	0.999	11969	65.2	9.5	?
Erde	⊕	152.0	147.0		1j	0	0	9	1.000	12756			23h 56m 4s.1
Mars	♂	247.6	205.4		1 321	17	30	43	0.528	6745	25.6	3.5	24 37 22.7
Jupiter	♃	810.6	735.6		11 314	20	6	58	11.061	143757	50.7	30.8	9 55 37
Saturn	♄	1497.3	1338.3		29 166	23	40	21	9.299	119075	20.6	14.9	10 14 24
Uranus	⛢	2983.5	2719.1		84	7	9	22	4.234	59171	4.7	3.9	— — —
Neptun	♆	4505.5	4429.6		164 280	2	42	57	3.798	54979	2.7	2.4	— — —

Namen	Oberfläche			Kubikinhalt			Masse		Dichte Wasser = 1	Schwere am Äquator Erde = 1	Fallhöhe in der 1. Sekunde Meter
	i. Sonne enthalt.	Millionen □Kilom.	in der Sonne enthalten	Erde = 1	Tausend Mill. Kubikkilom.	i. d. Sonne enthalten	Erde = 1				
Sonne		11892	6079180		1296757	1409423000		331301.00	1.39	27.625	135.6
Merkur	82930	0.14	73	238810000	0.052	898	5883746	72	6.45	0.439	2.1
Venus	13410	0.88	450	1553400	0.975	898	408968	0.81	4.44	0.802	3.9
Erde	11892	1.00	511	1296757	1.000	1087	331301	1.00	5.58	1.000	4.9
Mars	42330	0.28	143	8695600	0.148	161	3093500	0.11	3.91	0.376	1.7
Jupiter	97	121.2	61963	962	1279.412	1450430	1047.6	316.26	1.33	2.261	11.0
Saturn	146	80.8	41296	1769	718.883	789120	3501.6	94.61	0.70	0.892	4.4
Uranus	589	20.5	10407	14290	69.237	99830	22600	14.66	1.07	0.754	4.5
Neptun	635	18.6	9493	16016	54.955	87002	18780	17.64	1.65	1.142	7.6

Fünftes Kapitel.

Von den Kometen und Meteoren.

§ 17. Aussehen und Bewegung der Kometen.

Die Kometen oder zu deutsch Haarsterne haben ebenso wie die Planeten eine eigene Bewegung, unterscheiden sich aber von ihnen einmal durch ihr nebelhaftes Aussehen und zweitens dadurch, daß nur einige von ihnen ständig unserem Sonnensystem angehören, andere nach Durchkreuzung desselben im Weltenraume verschwinden. Diejenigen Kometen, welche dem bloßen Auge sichtbar sind, lassen drei, nicht scharf getrennte Teile unterscheiden: Der Kern ist der helle Mittelpunkt, welcher in der Regel das Aussehen eines Fixsterns oder Planeten hat. Die Hülle oder Koma umgibt den Kern als wolkenartige Masse, leuchtet in der Nähe des Kerns am hellsten und wird gegen außen blasser; Kern und Hülle faßt man gelegentlich unter der Bezeichnung Kopf des Kometen zusammen. Der dritte Teil endlich, der Schweif, eine Fortsetzung der Hülle, ist ein Strom mattweißen Lichts, der von der Hülle an oft in sehr weiter Ausdehnung sich erstreckt, gegen außen blasser werdend und sich erbreiternd und immer von der Sonne abgewandt. Form und Größe von Kopf und Schweif sind bei den einzelnen Kometen sehr verschieden, auch beim gleichen Kometen verändern sie sich oft sehr rasch. Plötzliche Ausbrüche, das Aussenden kleiner schweifartiger Gebilde gegen die Sonne hin, statt wie die Hauptschweife abgewandt von dieser, Rückwärtskrümmen und fächerartiges Ausbreiten dieser kleinen Schweife sind gar nicht seltene Erscheinungen an Kometenköpfen. Fig. 31

Aussehen und Bewegung der Kometen. 115

zeigt den von Sawerthal entdeckten Kometen am 17. April und 25. Mai 1888.

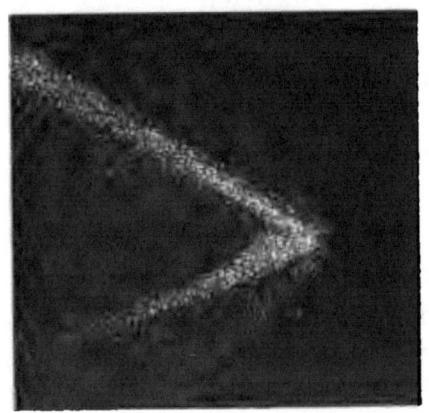 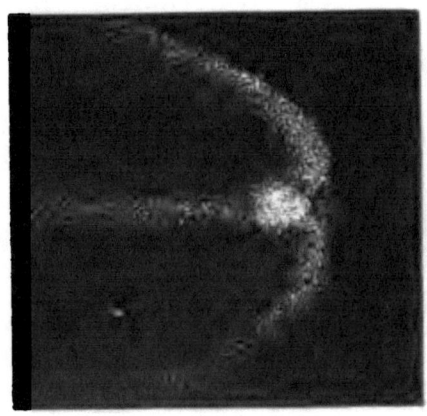

17. April 1888   25. Mai 1888
Komet Sawerthal.
Fig. 31.

Derselbe war bereits recht lichtschwach geworden, als sein Kern plötzlich im 25fachen Lichte erstrahlte und nach der Sonne zu zwei Schweife aussandte, welche sich aber ganz symmetrisch nach rückwärts krümmten. Bei der außerordentlichen Mannigfaltigkeit, welche die Veränderungen von Kometen zeigen, scheinen doch zwei Punkte allgemein gültig zu sein, nämlich, daß einmal alle Veränderungen durch zeitweise oder dauernde Ausstrahlungen aus dem Kern bewirkt werden, uud daß zweitens diese Tätigkeit am lebhaftesten bei der größten Annäherung an die Sonne ist. Von der glänzenden Erscheinung, welche die mit bloßem Auge sichtbaren Kometen meistens darstellen, ist fast nichts an jenen lichtschwachen Kometen wahrzunehmen, deren man in Fernrohren eine viel größere Zahl wahrnimmt, welche vielfach gar keinen Schweif besitzen und sich nur durch

8*

ihr verschwommenes Aussehen und ihre Eigenbewegung als solche kennzeichnen.

Im Unterschiede von den Planeten folgen die Kometen nicht dem Tierkreise, sondern bewegen sich nach allen möglichen Richtungen, bald geschwinder, bald langsamer; gewöhnlich nähern sie sich nach ihrem ersten Auftreten der Sonne, verschwinden in den Strahlen derselben und kommen dann auf der andern Seite der Sonne wieder zum Vorschein. Die ganze Dauer der Sichtbarkeit beträgt gewöhnlich nur einige Monate.

Da die Kometen, solange sie wahrnehmbar sind, unter dem Einfluß der Sonnenanziehung sich bewegen, so stehen sie unter dem Newtonschen Gesetz und können nur solche Bahnen beschreiben, welche nach diesem überhaupt möglich sind; dies sind außer der Ellipse noch die Hyperbel und Parabel. Auch für die Bewegung in den letzteren Bahnen gelten die Keplerschen Gesetze; nur muß dann das dritte dieser Gesetze so ausgesprochen werden, daß die Zeiten, in welchen die einzelnen Sektoren von dem Radiusvektor überfahren werden, sich direkt wie die überfahrenen Flächen und umgekehrt wie die Quadratwurzel aus dem Doppelten der Periheldistanz der Bahnen verhalten. Die Bahnen lassen sich, wie Newton, Olbers und Gauß gezeigt haben, berechnen, wenn man zu drei verschiedenen Zeiten den Ort des Himmelskörpers beobachtet hat.

Die Entscheidung, welche Form eine Kometenbahn hat, wird dadurch sehr erschwert, daß wir die Kometen fast immer nur in der Nähe ihres Perihels, d. h. des Brennpunktes, beobachten können; aber gerade in diesem Teile gleichen Parabel und Hyperbel einer langgestreckten — also sehr exzentrischen — Ellipse sehr. Und doch ist gerade diese Entscheidung sehr wichtig; denn nur die letz=

tere führt einen Kometen immer wieder in das Sonnen=
system zurück, während die beiden ersteren ihn auf
Nimmerwiederkehr in den Weltenraum enteilen lassen.
Als Kriterium, welche Kurve ein Komet beschreibt, kann
seine Geschwindigkeit in der Bahn gelten; denn wenn er
z. B. in einer Entfernung von 149 Millionen Kilo=
metern, also mittlere Distanz Erde—Sonne, von der
Sonne in einer Sekunde weniger als 42 Kilometer durch=
eilt, so ist seine Bahn eine Ellipse; beträgt seine Ge=
schwindigkeit genau 42 Kilometer in der Sekunde, so
beschreibt er eine Parabel, und bei noch größerer Ge=
schwindigkeit eine Hyperbel. In anderen Entfernungen
von der Sonne ist diese Geschwindigkeitsgrenze eine an=
dere, läßt sich aber stets im voraus genau berechnen und
mit der beobachteten vergleichen. Da zeigt sich denn leider,
daß die allermeisten Kometen sich mit einer dem Grenz=
werte sehr nahe kommenden Geschwindigkeit bewegen, so
daß auch daraus keine sichere Entscheidung für die Form
ihrer Bahn abgeleitet werden kann. Daher kommt es,
daß bis heute die Frage noch nicht entschieden ist, ob
jemals ein Komet mit hyperbolischer Bahn erschienen ist
oder nicht; man kann nur bei einigen Kometen ganz
sicher und zweifellos eine Ellipse als Bahn nachweisen,
während man für die meisten eine Parabel als Bahn
berechnet, die gewöhnlich den Beobachtungen vollkommen
genügt.

Die Elemente, welche man bei einer parabolischen
Bahn angibt, sind außer der Neigung der Bahn und
der Länge des aufsteigenden Knotens: die Länge des
Perihels (Scheitels der Parabel), der Abstand von der
Sonne im Perihel, sowie die Epoche des Periheldurch=
gangs und die Angabe, ob der Komet rechtläufig oder
rückläufig ist. Ein weiterer Unterschied von den Planeten

gibt sich auch darin zu erkennen, daß viele Kometen rückläufig um die Sonne sich bewegen. Um nicht immer die Unterscheidung zwischen recht- und rückläufig machen zu müssen, sieht man letztere Kometen auch wohl als solche an, deren Bahnebene mit der Ekliptik einen stumpfen Winkel einschließt. Wenn man einen Neigungswinkel über 90° zählt, so muß man nur auch gleichzeitig das Argument der Breite des Perihels von 360° abziehen. Kommt ein Komet in der Nähe eines Planeten vorüber, so wird durch die Anziehung des letzteren seine parabolische oder elliptische Bahn gestört, und er kann sogar infolge solcher Störungen eine durchaus verschiedene Bahn einschlagen.

Was die Anzahl der Kometen betrifft, so läßt sich darüber im allgemeinen wenig sagen, da wir sicher nur einen kleinen Teil derselben, ja nicht einmal alle diejenigen sehen, die unser Sonnensystem kreuzen, sondern von denen nur diejenigen, welche sich wenigstens bis auf die mittlere Entfernung der Planetoiden der Sonne annähern. Außerdem wird erst seit einigen Jahrzehnten der Himmel so systematisch nach Kometen durchsucht, daß wir einigermaßen sicher sein können, daß jeder für unsere optischen Instrumente erreichbare Komet auch wirklich aufgefunden wird. In früheren Zeiten wurden natürlich nur die mit bloßem Auge sichtbaren Kometen beobachtet und von diesen auch fast nur diejenigen, die von der nördlichen Erdhälfte aus sichtbar waren. Deren hat man bis zu Ende des Jahres 1890 569 gezählt, zu denen seit der Erfindung des Fernrohrs noch etwa 200 nur mit diesem wahrnehmbare sogenannte teleskopische Kometen kommen. Von den bis zu Ende des Jahres 1499 gesehenen 407 Kometen sind nur etwa 30 so genau beobachtet, daß man in der Neuzeit ihre Bahnen berechnen konnte. Bei den bis 1895 einschließlich berechneten Kometenbahnen war die geringste Entfernung von der Sonne kleiner als 44.7 Million. Kilom. für 38 Kometen

44.7 bis 89.4	„	„	„	82	„
89.4 „ 134.1	„	„	„	105	„
134.1 „ 178.8	„	„	„	83	„
178.8 „ 223.5	„	„	„	31	„
größer als 223.5	„	„	„	33	„

Die Neigung der Bahnebene war nur bei 54 derselben kleiner als 30°, für alle übrigen größer. Von den Kometen mit elliptischen Bahnen haben viele eine so lange Umlaufszeit, daß eine zweite Erscheinung noch nicht wieder eintreten konnte. Von den periodischen Kometen mit kurzer Umlaufszeit, deren Wiedererscheinen schon beobachtet worden ist, und von denen einige im nächsten Paragraphen noch näher besprochen werden, liegt die Bahn des nach dem Entdecker genannten

Kometen:	zwischen den Bahnen von:		
Encke	Sonne	und	Jupiter
Tempel (erster)	Mars	„	Jupiter
„ (zweiter)	Sonne	„	Jupiter
„ (dritter)	Erde	„	Jupiter
Brorsen	Merkur	„	Saturn
Biela	Venus	„	Saturn
d'Arrest	Erde	„	Saturn
Wolf	Mars	„	Saturn
Faye	Mars	„	Saturn
Tuttle	Erde	„	Uranus
Pons	Venus	„	jenseits Neptun
Halley	Merkur	„	jenseits Neptun.

§ 18. Beschreibung einzelner Kometen.

1) Der große Komet von 1680 war sichtbar vom Herbst 1680 bis Frühjahr 1681; er ging am

18. Dezember 0^h mittlerer Pariser Zeit 1680 durchs Perihel und kam dabei dem Sonnenmittelpunkt auf 924200 km nahe. An ihm wies Newton nach, daß die Kometen unter dem Einfluß der Anziehungskraft der Sonne stehen. Seine Bahn ist parabolisch, die Bewegung rechtläufig.

2) Der Komet von 1744 war so hell, daß er zur Zeit des Periheldurchgangs (1. März 8^h mittl. Par. Zeit) mit freiem Auge um Mittag sichtbar war; er entwickelte nach dem Durchgang durchs Perihel sechs Schweife, die sich von der Sonne abgewandt fächerförmig ausbreiteten. Dem Sonnenmittelpunkt kam er bis auf 33,12 Mill. km nahe. Entdeckt wurde er am 9. Dezember 1743 von dem Holländer Klinkenberg, während Loys zur Berechnung seiner Bahn ein neues Verfahren aufstellte.

3) Der Komet von 1811 war nicht nur einer der glänzendsten, sondern der am längsten während eines Periheldurchganges beobachtete Komet; denn er wurde von seiner am 26. März 1811 durch Flaugergues erfolgten Entdeckung bis zum 17. August 1812 gesehen. Er erreichte am 12. September um 7^h nachmittags seine größte Sonnennähe in einem Abstand von 154,33 Mill. km vom Mittelpunkt derselben. Die Länge seines Schweifes betrug etwa $25°$. Der Kern war verwaschen, der Umriß der Hülle war parabolisch, und der Kern stand im Brennpunkt. Argelander fand seine Bahn elliptisch mit einer Umlaufszeit von etwa 3065 Jahren.

4) Der Komet von 1819 II, d. h. der zweite der vier im Jahre 1819 ihr Perihel erreichenden Kometen, ist insofern erwähnenswert, als wahrscheinlich am 18. Juni 1819 $7^1/_2$ Uhr früh, also etwa 24^h bevor er sein Perihel erreichte, von Stark sein Vorübergang

vor der Sonne beobachtet wurde, die einzige Beobachtung dieser Art, wenn sie zuverlässig ist. (Stehe Septemberkomet von 1882.)

5) Der große Komet von 1843 war in südlichen Gegenden anfangs (im Februar) am hellen Tage sichtbar; er kam dem Sonnenmittelpunkt bis auf 819 800 km nahe; sein Schweif erreichte nach dem Periheldurchgang die Ausdehnung von 250 Millionen Kilometer, während der Kern unscheinbar war. Die Erscheinung eines großen Kometen in unmittelbarer Nähe der Sonne im Jahre 1880 (auf der südlichen Halbkugel sichtbar), dessen Bahn mit der des Kometen von 1843 nahe übereinzustimmen scheint, macht es wahrscheinlich, daß er eine elliptische Bahn mit der Umlaufszeit von 37 Jahren hat, wenn auch die verschiedenen Berechner seiner Bahn Werte für seine Umlaufszeit gefunden haben, die zwischen 7 und 376 Jahren schwanken. Die Frage, ob dieser Komet überhaupt eine geschlossene Bahn beschreibt, ist also noch keineswegs entschieden, ja läßt sich vielleicht überhaupt nicht bestimmen.

6) Der Donatische Komet von 1858 wurde zuerst nur als schwache Nebelmasse im Fernrohr am 2. Juni 1858 von Donati in Florenz gesehen, entwickelte erst später einen Schweif und erreichte bald nach dem Periheldurchgang seinen höchsten Glanz; der Schweif war fast 64° lang und von einem zweiten dünneren begleitet. In Perioden von vier bis sieben Tagen entwickelten sich aus seinem Kopf Ausströmungen nach der Sonne zu, die sich aber sofort zur Seite krümmten und dann sich nach rückwärts wandten, um in den Schweif überzugehen.

7) Der große Komet von 1881 wurde am 22. Mai von Tebbutt entdeckt, war Ende Juni und Anfang Juli auf der Nordhalbkugel sichtbar; sein Schweif

war geradlinig in einer Länge von etwa 20°; sein Kopf zeigte gegen die Sonne hin fortwährend pendelnde Bewegungen. Die Dauer der Sichtbarkeit betrug über 9 Monate. Sein geringster Abstand von der Sonne betrug 109.48 Mill. km.

In mehr als einer Beziehung merkwürdig war:

8) **Der Septemberkomet von 1882.** Er wurde am 2. September auf der Südhalbkugel mit bloßem Auge gefunden, und konnte am hellen Tage dicht bei der Sonne mit bloßem Auge gesehen werden, wenn man das Auge vor direktem Sonnenlicht schützte. Am 17. September konnten Finlay und Elkin sein Verschwinden am Sonnenrande mit dem Fernrohr am Kap der guten Hoffnung beobachten; aber obgleich nach der Rechnung der Komet vor der Sonnenscheibe vorüberging, war doch auf dieser keine Spur desselben zu sehen. Der ursprünglich ganz runde Kern wurde allmählich oval und teilte sich dann in mehrere leuchtende Kernpunkte, deren Zahl von verschiedenen Beobachtern zwischen 2 und 6 schwankend angegeben wird. In Guatemala soll am 5. Oktober von den Passagieren eines Dampfers eine Teilung des Kometen in fünf deutlich getrennte Stücke mit bloßem Auge beobachtet worden sein. $7\frac{1}{2}$ Stunden früher beobachtete Markwick in Pietermaritzburg zwei kleine Nebenkometen in $1\frac{1}{2}°$ Abstand vom Hauptkometen. Gegen Mitte Oktober bemerkten Schmidt in Athen und Hartwig auf dem Atlantischen Ozean während mehrerer Tage einen anderen kleinen Nebenkometen, während noch am 14., 21. und 22. Oktober Barnard und Brooks bis zu 6 kleine Begleitnebel des Kometen sahen, und die letzte derartige Erscheinung von Oliveira am 16. November in Pernambuko gesehen wurde. Merkwürdig ist ferner, daß die Bahnelemente sehr ähnlich denen des Kometen von 1843

und eines teleskopischen vom Jahre 1880 sind. Doch sind diese drei Kometen nicht identisch, sondern sie bilden ein System, dessen einzelne Glieder in derselben Bahn laufen; die erwähnte Trennung des Kerns macht ihre Entstehung aus einem gemeinsamen Ursprung wahrscheinlich.

Von periodischen Kometen sind besonders merkwürdig:

9) Der **Halleysche Komet**, so genannt nach Edmund Halley, welcher ihn nach seiner Erscheinung im Jahre 1682 berechnete und das für damalige Zeit überraschende und merkwürdige Resultat fand, daß er eine Umlaufszeit von nahe 76 Jahren habe, schon in den Jahren 1456, 1531, 1607 (von Kepler) gesehen worden sei und 1759 wiederkehren werde; er passierte auch am 12. März 1759 das Perihel. Der nächste Periheldurchgang fand am 16. November 1835 statt, nur einen Tag später, als denselben Pontécoulant unter Berücksichtigung der durch Jupiter, Saturn und Uranus verursachten Störungen vorhergesagt hatte. Danach müßte sein nächster Periheldurchgang am 17. Mai 1910 erfolgen. Biot, Hind und Laugier haben nachgewiesen, daß auch die früheren Erscheinungen dieses Kometen bis zum Jahre 12 v. Chr. Geb. (mit alleiniger Ausnahme der im Jahre 913) gesehen worden sind.

10) Der **Komet von 1770** wurde von Messier am 14. Juni dieses Jahres entdeckt und dann von Lexell genau berechnet, wobei sich eine elliptische Bahn mit $5^{1}/_{2}$ Jahren Umlaufszeit ergab. Da aber der Komet weder 1776 noch 1781 wieder gesehen wurde, so sahen sich Burckhardt und Laplace veranlaßt, seine Bahn näher zu untersuchen, und fanden, daß der Komet 1767 durch sehr große Annäherung an den Jupiter aus seiner ursprünglich parabolischen Bahn in die von Lexell berechnete elliptische abgelenkt wurde, bereits aber 1779 wieder

aus dieser durch Jupiter herausgezogen wurde. Daß er 1776 nicht gesehen wurde, war nur den ungünstigen Verhältnissen damals zuzuschreiben. Später ward diese merkwürdige Bahn noch wiederholentlich berechnet. Chandler glaubte nachweisen zu können, daß der Komet 1889 V mit dem von 1770 identisch sei, indem derselbe 1886 durch große Annäherung an den Jupiter in seiner Bahn gestört sei; doch erscheint dies nach den neueren Rechnungen von Lane Poor wieder zweifelhaft.

11) Der Enckesche Komet wurde von Pons in Marseille am 26. November 1818 entdeckt. Encke berechnete seine Bahn und erkannte daraus seine kurze Umlaufszeit von 3 Jahren 113 Tagen. Er war schon früher bei drei Periheldurchgängen — nämlich 1786, 1795 und 1805 — beobachtet und ist seither regelmäßig wieder gesehen worden. Encke fand bei der Berechnung dieses Kometen, daß jede Wiederkehr zum Perihel einige Stunden früher eintritt, und Olbers schloß daraus, daß sich die Himmelskörper in einem widerstehenden Mittel bewegen, eine Anschauung, die Encke adoptierte, während Bessel und Faye sie bekämpften im Hinblick auf die sehr geringe Masse der Kometen. Eine spätere Berechnung durch Asten bestätigte die Wirkung einer verzögernden Kraft für die Zeiten zwischen 1861 und 1865, ebenso zwischen 1871 und 1875, nicht aber zwischen 1865 und 1871, so daß sowohl für diesen wie für andere Kometen die Frage nach dem widerstehenden Mittel noch nicht abgeschlossen ist. Aber wegen der geringen Masse des Kometen konnte Encke aus den Störungen, die der Merkur im August 1835 auf ihn ausübte, die Masse dieses Planeten berechnen; der von Encke für die Merkursmasse gefundene Wert wurde von Leverrier auf anderem Wege ziemlich bestätigt, während Backlund und Haerdtl ebenfalls aus

dem Enckeschen Kometen etwas andere Werte fanden. Übrigens sei hier erwähnt, daß sich die oben besprochenen Teilungen von Kometenkernen aus verschieden großen Wirkungen eines widerstehenden Mittels auf verschiedene Punkte der Kerne erklären lassen.

Auch bei einem von

12) **Winnecke** in Bonn am 8. März 1858 entdeckten Kometen, der sich mit einem von Pons am 12. Juni 1819 gesehenen identisch erwies und eine Umlaufszeit von $5^4/_5$ Jahren hat, scheint nach Oppolzers Rechnungen der Einfluß eines widerstehenden Mittels sich geltend zu machen. Der Komet ist übrigens 1886 zuletzt gesehen worden.

13) **Der Bielasche Komet** wurde von v. Biela am 27. Februar 1826 zu Josephstadt in Böhmen als ein kleiner lichtschwacher Nebel ohne Schweif entdeckt. Biela hatte auf Veranlassung von Morstadt danach gesucht, welcher auf Grund von Rechnungen zu der Ansicht kam, daß der Komet 1806 I mit dem von 1772 identisch sei und $6^3/_4$ Jahre Umlaufszeit habe. Bielas Berechnungen bestätigten dies vollkommen, und er konnte die ungefähren Örter für seine Wiederkunft im Jahre 1832 berechnen, nach welchen er auch am 25. August dieses Jahres wiedergefunden wurde. 1839 wurde er nicht gesehen, dagegen am 28. November 1845 wiedergefunden. Dabei teilte er sich in der Zeit vom 13.—27. Januar 1846, gleichsam unter den Augen der Beobachter, in zwei Kometen, beide mit Kopf und Schweif, doch von ungleicher Größe, deren Entfernung von 2′ bis 9′ wuchs; die wahre Entfernung schwankte von 274 000 bis 310 000 km. Bei seiner nächsten Erscheinung im Jahre 1852 hatte sich die Entfernung beider Teile auf 2 411 000 km erweitert und nahm noch um 191 000 km zu; seine Hellig-

keit wechselte. Bei den nächsten Perihelburchgängen wurde er nicht wiedergesehen.

Ähnliche Verhältnisse haben bei dem Kometen

14) Brooks 1889 V stattgefunden, von welchem mit den starken Fernrohren der Licksternwarte, von Wien und Pulkowa vier Begleiter aufgefunden wurden, deren Helligkeitsverhältnis stark wechselte. Genauere Berechnung hat ergeben, daß die Bahnen dieser verschiedenen Kometen zusammenfallen, daß die Trennung gleichzeitig und zwar im Aphel der Bahn eingetreten ist, und daß sie wahrscheinlich durch die störende Einwirkung von Jupiter bei der großen Annäherung des Kometen an ihn im Mai 1886 verursacht ist. Auf die mögliche Identität dieses Kometen mit dem von 1770 ist oben schon hingewiesen.

Eine vollständige Zusammenstellung der Elemente sämtlicher bis auf die neueste Zeit berechneten Kometenbahnen gibt das von Galle herausgegebene Verzeichnis in seiner neuesten Auflage.

§ 19. **Die Meteore und ihre Beziehung zu den Kometen.**

In jeder heiteren Nacht kann man rasch am Himmel dahinfahrende Sterne wahrnehmen, welche ebenso schnell verschwinden, als sie erscheinen, und welche Sternschnuppen genannt werden. Manchmal hinterlassen sie noch einen kurze Zeit nachleuchtenden Schweif. Hie und da ist ihre Bewegung eine langsamere und ihr Glanz ein sehr starker, man nennt sie dann Feuerkugeln. Zu manchen Zeiten erscheinen die Sternschnuppen sehr zahlreich und bilden feurige Regen von Sternschnuppen; einer der berühmtesten ist der von Humboldt und Bonpland am 12. November 1799 auf den Anden beobachtete. Später wurden noch glänzende Sternschnuppenregen am 13. November 1833,

14. November 1866, 27. November 1866, 1872 und 1885 beobachtet.

Während die Sternschnuppen meistens plötzlich erlöschen, ohne eine Spur zu hinterlassen, verlöschen die Feuerkugeln manchmal unter Funkensprühen und zerplatzen auch, worauf man zuweilen einige glühende Stücke zur Erde fallen sieht und ein starkes Getöse hört; solche Stücke veranlassen die früher für Fabel gehaltenen Steinfälle. Auch die Staubfälle sind wohl vielfach — soweit sie kosmischer Natur sind — auf das Zerplatzen von Feuerkugeln zurückzuführen.

Ein prinzipieller Unterschied zwischen Sternschnuppen und Feuerkugeln ist heute nicht mehr zu machen; denn die letzteren sind im wesentlichen nur Sternschnuppen, die tiefer in unsere Atmosphäre eindringen und teilweise die Erde überhaupt nicht wieder verlassen. Man faßt daher beide Erscheinungen passend unter der griechischen Bezeichnung Meteore zusammen, wenn auch die deutsche Übertragung derselben (nämlich: Lufterscheinung) nicht gerade sehr zweckentsprechend ist. Die Feuerkugeln belegt man auch wohl mit der Benennung Bolide, während man die zur Erde gefallenen Meteorite, Meteorsteine oder Meteoreisenmassen, wohl auch gemeinsam als Aerolithe, d. h. Luftsteine bezeichnet.

Durch gleichzeitige Beobachtungen der Sternschnuppen von verschiedenen Punkten aus hat man ihre Höhe und ihre Geschwindigkeit annähernd bestimmen können: die erstere beträgt durchschnittlich 90 bis 130 Kilometer, doch sind auch viel größere Höhen (bis über 1000 km) gelegentlich beobachtet; die letztere ist beim Eintritt in die Atmosphäre zwischen 20 und 70 Kilometer in der Sekunde, verringert sich aber sogleich durch den Luftwiderstand auf den dreißigsten Teil, wodurch eine bedeutende Temperaturerhöhung (nach Schiaparelli bis zu 40000° Celsius als Maximum) entsteht, die Körper zum Glühen kommen und zum großen Teil verflüchtigt werden. Die Bahnen, welche man durch gleichzeitige Beobachtungen ihres scheinbaren Weges von verschiedenen Erdorten aus fand, haben sich als hyperbolisch und parabolisch herausgestellt.

Die täglich wahrnehmbaren Sternschnuppen sind nach Mitternacht viel häufiger als vorher; dies hat seinen Grund darin, daß der Punkt, nach welchem die Bewegung der Erde gerichtet ist, der sogenannte Apex, in Länge der Sonne um etwa 90° vorangeht, also morgens durch den Meridian geht, und die Erde bei ihrer Bewegung im Weltraume von den regellos umherfliegenden kleinen Körpern auf ihrer Vorderseite mehr auffängt, als auf der Rückseite. Außerdem aber sind an gewissen Tagen die Sternschnuppen viel zahlreicher als an anderen und folgen gewissen Perioden. Solche Sternschnuppenfälle zeichnen sich dadurch aus, daß die einzelnen Sternschnuppen von denselben Punkten des Himmels, welche man Radianten heißt, herzukommen scheinen. Die bekanntesten unter diesen Meteorströmen finden statt: am 2. bis 3. Januar, sowie 19. und 20. Februar im Sternbilde des Herkules, 18. bis 20. April in der Leier (Lyriden genannt), 25. bis 31. Juli im Schwan, 9. bis 12. August im Perseus (Laurentiusstrom oder Perseiden), 16. bis 24. Oktober im Orion (Orioniden), 13. bis 15. November im Löwen (Leoniden), 27. November in der Andromeda (Andromediden oder Bieliden), 8. bis 12. Dezember in den Zwillingen (Geminiden). Fig. 32 stellt einen am 10. August 1894 von Perrine in Kalifornien beobachteten Perseiden-Fall teilweise dar, dessen Radiant 5° im Durchmesser hatte mit dem Mittelpunkt in $3^h\ 4^m$ Rektaszension und $+ 54{,}9°$ Deklination.

Die Meteore und ihre Beziehung zu den Kometen. 129

Während manche dieser Ströme jedes Jahr mit nahe gleicher Häufigkeit auftreten, findet bei anderen ein starker periodischer Wechsel in derselben statt. Der August-

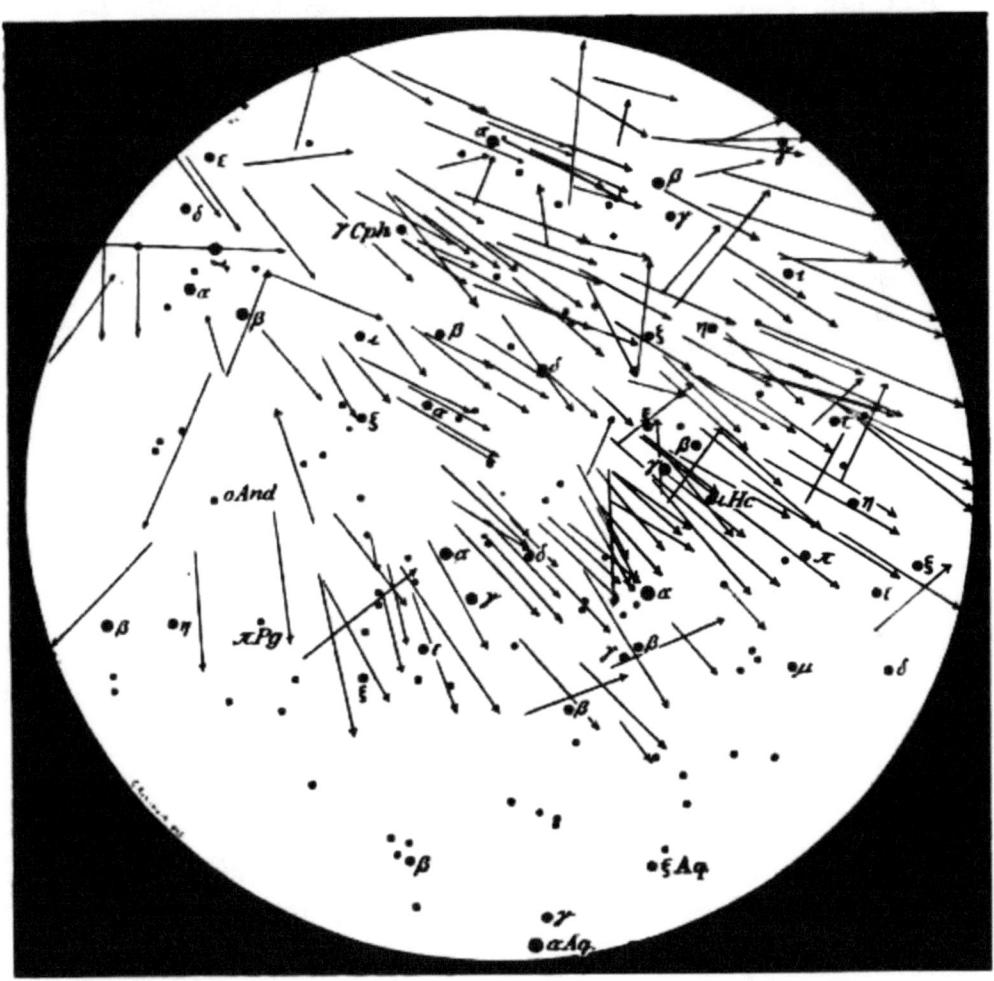

Fig. 82.

schwarm ist jedes Jahr gleich stark und über mehrere Tage ausgedehnt; der Novemberschwarm kehrt nur alle 33—34 Jahre wieder und ist auf kurze Zeitdauer be-

130   Von den Kometen und Meteoren.

schränkt. Aus den zahlreichen Beobachtungen des Novemberstroms konnte man berechnen, daß derselbe eine stark exzentrische Ellipse um die Sonne durchlaufe, und daß die Erdbahn dieselbe in dem Punkte kreuze, wo sie sich am 13. November befindet; die Ebene der Bahn

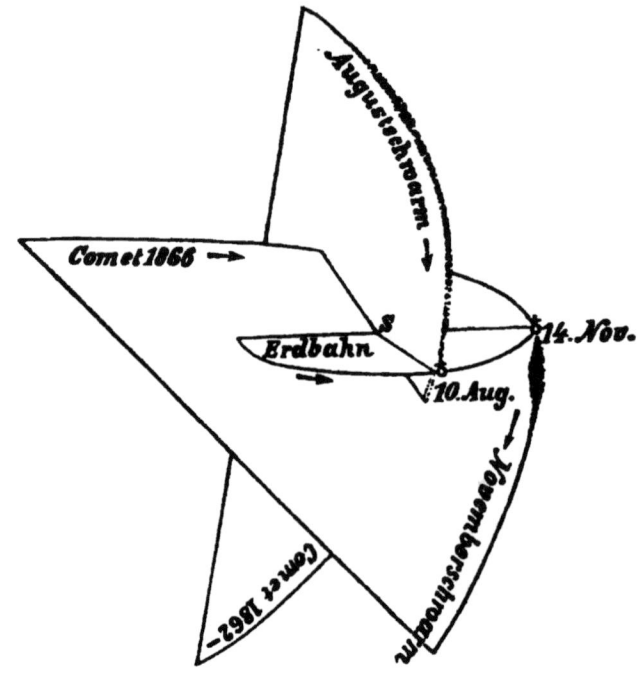

Fig. 83.

ändert sich aber etwas, so daß die Knotenlinie jährlich um 52" vorwärtsgeht. Der Meteorschwarm ist in seiner Bahn nicht gleichmäßig zerstreut, sondern nimmt etwa den 15. Teil des Umfangs ein und durchläuft die Bahn in $33\frac{1}{4}$ Jahren. Auch für die anderen größeren Meteorschwärme hat man solche stark exzentrische Bahnen berechnet. Ihre Ähnlichkeit mit den Bahnen der periodischen Kometen hat zur Vergleichung mit diesen geführt,

Die Meteore und ihre Beziehung zu den Kometen.

und man fand nun, daß der Novemberschwarm in der Bahn des von Tempel entdeckten Kometen 1866 I einhergeht; ebenso ergab sich, daß die Bahn der Perseiden mit der des hellen Kometen vom Sommer 1862 III zusammenfällt, und daß der große Meteorfall vom 27. November 1872 der Bahn des verschwundenen Bielaichen Kometen angehört, daher der Name Bieliden. Fig. 33 stellt die Bahnebenen der beiden zuerst genannten Meteorschwärme und ihrer Kometen in ihrer Lage zur Erdbahnebene dar. Den Lyriden entspricht die Bahn des Kometen 1861 I.

Neuere Untersuchungen von Schiaparelli, Weiß, Galle u. a. haben gezeigt, daß es eine große Menge von Meteorströmen gibt, deren Radianten mit den Knoten von Kometenbahnen übereinstimmen.

Nimmt man also an, daß die Kometen aus einer Masse getrennter kleiner Partikel bestehen, so wird bei Annäherung dieser Wolke an die Sonne unter deren Einwirkung eine Auflösung und Trennung stattfinden, so daß schließlich die Anziehung auf die näheren Teile des Kometen eine größere wird, als die der Teile untereinander, wodurch die Materie der Kometenwolke sich allmählich zerstreut, einen immer größeren Teil ihrer Bahn einnimmt und dieselbe, wenn sie elliptisch ist, am Ende ganz erfüllt. Durch Einwirkung von Planeten, denen der Komet besonders nahe kommt, kann diese Zerstreuung beschleunigt werden. Kreuzt nun die Erdbahn die Bahn eines solchen Kometen, so trifft die Erde an dem Tage, wo sie durch den Kreuzungspunkt geht, auf eine Anzahl der in der Kometenbahn zerstreuten Körperchen; durch die große Geschwindigkeit, mit welcher dieselben zur Erde stürzen, werden sie stark erhitzt, leuchten und verdampfen oder zerspringen.

§ 20. Die Stabilität des Sonnensystems.

Kometen und Meteore galten in früheren Zeiten vielfach für Vorboten schrecklicher Ereignisse oder Äußerungen göttlichen Zornes, und erregten daher Furcht und Schrecken. Wenn diese nun auch dem tatsächlichen Schaden gegenüber, den ein fallender großer Meteorstein erzeugen kann, nicht ganz unberechtigt gewesen wären, so kamen doch derlei Meteorsteinfälle zu selten vor, richteten noch viel seltener irgend welchen Schaden an Hab und Gut, Leib und Leben der Menschen an, gingen außerdem zu rasch und meist nur von wenigen gesehen vorüber, als daß sie als besonders gefährlich im Andenken der Menschen haften blieben, während die so harmlosen Kometen mit ihrer oft langen Sichtbarkeitsdauer desto mehr gefürchtet waren. Nun hat es zwar zu allen Zeiten erleuchtete Geister gegeben, die diese Furcht als eine gänzlich grundlose bekämpften; aber erst der faktische Nachweis, daß die Kometen genau so reguläre Bahnen beschreiben, wie die Planeten, hat hier einen Wandel zum Besseren angebahnt, wenn auch z. B. der Donatische Komet noch von ganz gebildeten Leuten in Deutschland als Zuchtrute Gottes angesehen und gefürchtet wurde. In dem Maße jedoch, als dieser Aberglaube zurückging, machte sich eine neue Furcht vor den Kometen bemerkbar, die aus der Überlegung hervorging, daß Kometen, da ihre Bahnen diejenigen der Planeten kreuzen, mit letzteren gelegentlich zusammenstoßen und dadurch deren Zertrümmerung bewirken könnten. Dieser Furcht konnten die Astronomen (zuerst Lalande 1773) am besten dadurch begegnen, daß sie nachwiesen, daß die Masse eines Kometen eine so außerordentlich geringe ist, daß ein Zusammenstoß zwischen ihm und einem Planeten höchstens für ihn selbst gefährlich werden könne. Der Beweis für die Richtigkeit dieser

Angabe ist inzwischen praktisch durch den Hindurchgang der Erde durch die gleichsam einen Kometenschweif bildenden Meteorschwärme erbracht worden.

Etwas ganz anderes würde es freilich sein, wenn ein Körper von erheblicher Masse von außen plötzlich in unser Sonnensystem eindringen und das stabile Gleichgewicht desselben stören würde. Die Wahrscheinlichkeit, daß dies geschieht, ist allerdings sehr gering; denn die Fixsterne bewegen sich meistens auch in ganz bestimmt vorgeschriebenen Bahnen, und daß einer derselben diese verlassen und die Bewegungen anderer Himmelskörper stören sollte, ist kaum anzunehmen, wenn auch die Möglichkeit nicht geleugnet werden soll. Welche Folgen im einzelnen ein solches Eindringen eines Fremdkörpers größerer Dimensionen in unser Sonnensystem für dieses und speziell für unsere Erde haben würde, läßt sich nicht vorhersagen, da das von den verschiedensten Verhältnissen abhangen würde; indessen lassen sich unter bestimmten Voraussetzungen die ungefähren Wirkungen einer solchen Störung berechnen, wie Ebert getan hat; er fand folgendes:

Wenn ein Körper von der Masse unserer Sonne mit großer Geschwindigkeit in unser Sonnensystem eindringt, so werden alle innerhalb eines gewissen Gebietes befindlichen Planeten dem Systeme entrissen. Die Größe dieses Gebietes ist desto geringer, je schneller der Fremdkörper sich bewegt; also wenn er doppelt so schnell läuft, ist das Gebiet nur halb so groß, dasselbe wächst aber mit der Quadratwurzel aus der Entfernung des Eindringlings von der Sonne. Wenn jener sich mit einer Geschwindigkeit von einigen hundert Kilometern in der Sekunde bewegt, so kann er im allgemeinen keine durchgreifenden Veränderungen in unserem Sonnensystem hervorrufen; denn er kann nur solche Planeten dem System entreißen, denen er außerordentlich nahe kommt, wodurch wieder die Wahrscheinlichkeit, daß ein solches Entreißen geschieht, sehr herabgemindert wird. Andrerseits wird ein solcher eingedrungener Fremdkörper eine große Menge Meteore an sich ziehen und die elliptischen Bahnen vieler derselben in hyperbolische verwandeln, so daß die betreffenden Körper das Sonnensystem für immer verlassen. Dadurch werden an den Stellen, wo der Fremdkörper die Bahnen der Meteorschwärme kreuzte, weite Lücken entstehen, die sich erst im Laufe der Zeit allmählich schließen werden. Die in den Meteorsteinen unserem Sonnensystem tatsächlich entzogene Masse wird vielleicht von außen her durch eindringende Meteore wieder ersetzt; aber wenn dies auch nicht geschieht, ist der Massenverlust doch ein so geringer, daß dadurch die Konstitution unseres Sonnensystems nicht wesentlich beeinflußt wird. Dieses erscheint also — nach Eberts Berechnungen — selbst für den sehr unwahrscheinlichen Fall des Eindringens eines Fremdkörpers von so gewaltiger Masse, wie die Sonne, nicht ernstlich gefährdet.

Sechstes Kapitel.

Von den Fixsternen.

§ 21. Orientierung am Fixsternhimmel.

Im Gegensatz zu den gesetzmäßigen Stellungen der beweglichen Sterne sind die Fixsterne regellos am Himmelsgewölbe verteilt. Zur leichteren Angabe ihres ungefähren Ortes hat man sie schon vor alters in gewisse Gruppen geschieden, denen man Bilder von Personen und Tieren umschrieb. Wo diese noch heute gebräuchlichen Bezeichnungen ursprünglich herrühren, läßt sich bei den meisten nicht mehr nachweisen. Einige kommen schon bei Homer vor. In dem ältesten uns erhaltenen Sternverzeichnisse, im Almagest, zählt Ptolemäus (siehe § 12) 21 nördliche Sternbilder auf, nämlich: Kleiner und Großer Bär, Drache, Cepheus (König von Äthiopien), Bootes (Ochsentreiber), Nördliche Krone, Herkules, Leier, Schwan, Cassiopeja (Gemahlin des Cepheus), Perseus, Fuhrmann, Schlangenträger, Schlange, Pfeil, Adler mit Antinous, Delphin, Füllen, Pegasus, Andromeda (Tochter des Cepheus), Dreieck. Dann folgen bei Ptolemäus die zwölf Sternbilder des Tierkreises, die wir Seite 38 aufgezählt haben, und dann die nachstehenden 15 südlichen Sternbilder: Walfisch, Orion (berühmter Jäger), Eridanus (ein Fluß), Hase, Großer und Kleiner Hund, Argo, Wasserschlange, Becher, Rabe, Centaur, Wolf, Altar, Südliche Krone, Südlicher Fisch. Zu diesen 48 Sternbildern kamen später noch andere hinzu, so das „Haupthaar der Berenice" (ägyptische Königin) durch Tycho Brahe, die „Taube" durch Peter Plancius; Bartsch führte in seinem 1624 erschienenen „Usus astronomicus planisphaerii stellati" noch folgende Sternbilder auf: Einhorn, Giraffe, Kleine Wasserschlange, Phönix, Dorado (Schwertfisch), Chamäleon, Fliegender Fisch, Südliches Kreuz, Fliege, Paradiesvogel, Südliches Dreieck, Pfau, Indianer, Kranich, Tukan (amerikanische Gans), ohne daß diese Bilder gerade alle erst von Bartsch erfunden sind. Hevel nennt in seinem „Firmamentum Sobiescianum" (erschienen 1690) noch folgende 7 Bilder: Luchs, Kleiner Löwe, Sextant, Jagdhunde, Schild Sobieskis, Füchslein mit der Gans, Eidechse. Endlich sah sich Lacaille, als er 1752 am Kap der guten Hoffnung war, veranlaßt, noch folgende 12 Bilder in den südlichen Himmel einzufügen: Bildhauerwerkstatt, Chemischer Ofen, Pendeluhr, Fadennetz, Grabstichel, Tafelberg, Malerstaffelei, Luftpumpe, Zirkel und Lineal, Fernrohr, Oktant, Mikroskop. Außer diesen 84 Sternbildern, die jetzt als allgemein gültig angesehen werden können, ist die Einführung noch vieler anderer versucht worden, von denen man gelegentlich auf den verschiedenen Sternkarten noch das eine oder andere findet. In den Sternbildern wurden die einzelnen Sterne entweder nach ihrer Stellung (im Kopf, Fuß ꝛc.) oder durch Eigennamen bezeichnet, von denen sich eine Anzahl griechischer und arabischer bis heute im Gebrauch erhalten haben, deren wichtigste weiter unten angeführt werden. In seiner 1603 zuerst erschienenen „Uranometria" führte Johannes Bayer zuerst das Prinzip durch, in jedem Sternbilde die Sterne nach der Helligkeit zu ordnen und, vom hellsten anfangend, mit den kleinen Buchstaben des griechischen Alphabetes zu bezeichnen und, wo diese nicht ausreichten, noch die lateinischen hinzuzunehmen; doch hielt er sich nicht strenge an die Helligkeitsfolge, sondern suchte auch die Mnemotechnik zu berücksichtigen. Indessen bezeichnen fast immer α, β und γ die hellsten Sterne eines Bildes.

Zur Orientierung unter den hellsten Sternen geht man vom Sternbild des Großen Bären (Großen Wagens) aus, welches für Mitteleuropa stets über dem Horizonte bleibt. Man kennt es an sieben hellen Sternen, von denen vier (1, 2, 3, 4 in Fig. 34 bis 36) ein Viereck (Räder) und drei (5, 6, 7 in Fig. 34 bis 36) eine krumme Linie (Deichsel) bilden. Der mit 1 bezeichnete ist der hellste (α) und heißt Dubhe, Nr. 6 heißt Mizar und der 10 Bogenminuten darüberstehende kleine Stern Alkor oder das Reiterlein, Nr. 7 nannten die Araber

Orientierung am Fixsternhimmel. 137

Benetnasch. Beim Blick nach Norden steht abends in den Sommermonaten die Deichsel nach links, das ganze Sternbild dem Horizonte nahe; in den Wintermonaten steht abends die Deichsel nach rechts, das Sternbild nahe dem Zenit. Die Verlängerung der Linie 2—1

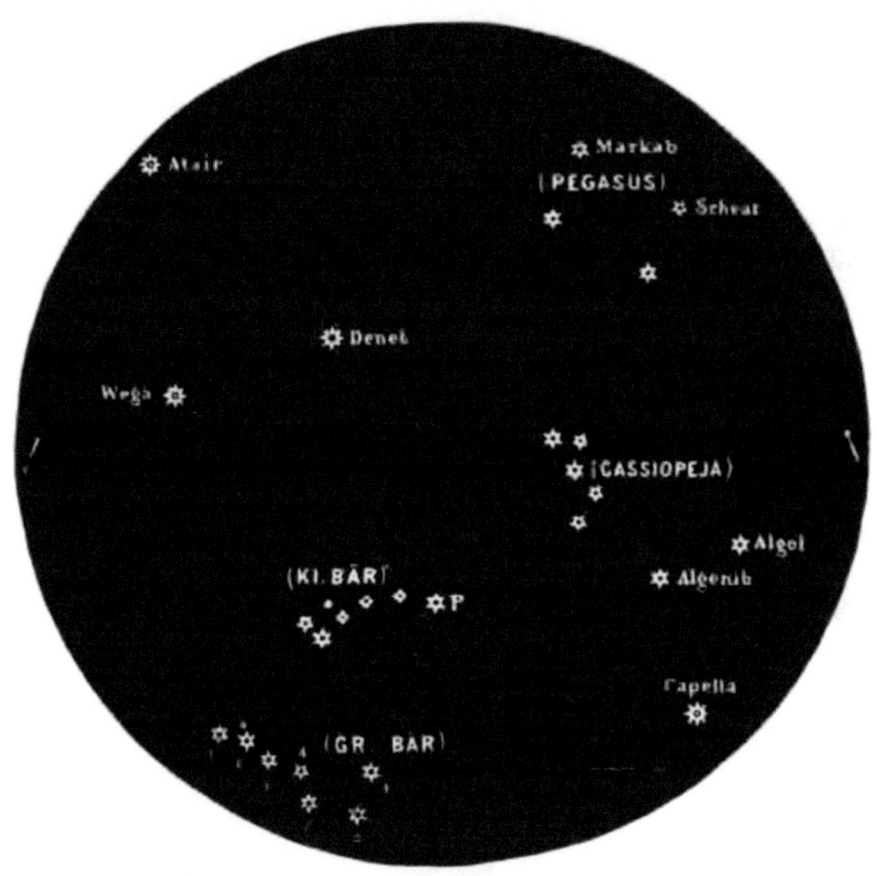

Fig. 34.

über 1 hinaus führt in vierfacher Verlängerung an den Polarstern, den hellsten Stern des Kleinen Bären, und die Strecke 1—Polarstern, noch 2 mal so weit verlängert, auf ein Quadrat von vier gleichhellen Sternen, den Pegasus (Fig. 34), dessen hellste Sterne (α und β) Markab und Scheat heißen. Die Linie 3—4, über 4 hinaus verlängert, trifft auf die Wega, den hellsten Stern im Sternbild der Leier. Die Linie 5—Polar=

Fig. 35.

stern, über letzteren hinaus um sich selbst verlängert, trifft auf fünf helle Sterne, welche ein lateinisches W bilden, das Sternbild der Cassiopeja, und in ihrer weiteren Verlängerung auf das Sternbild der Andromeda. Die Linie 4—1 endlich, über 1 verlängert, geht nahe an einem sehr hellen Stern vorbei, der Capella im Sternbilde des Fuhrmanns. Die Linie 3—1, über 1 hinaus verlängert, trifft auf den hellen Stern Algenib*) im Perseus, zu welchem noch ein anderer heller, vom Pol etwas ferner stehender Stern, Algol, gehört. Von Algol über Cassiopeja hinausgehend, trifft man zuerst auf den hellen Stern Deneb im Schwan, dann in fast der doppelten Entfernung auf Atair, den mittleren von drei fast in gerader Linie nahe beieinander stehenden Sternen, welche das Sternbild des Adlers bilden. Der Polarstern, Wega, Atair und Deneb bilden ein langgestrecktes Parallelogramm am Himmel, von welchem aus man sich leicht zurechtfinden kann.

Die Linie 1—2, über 2 hinaus verlängert (Fig. 35), führt zu einem Trapez von vier hellen Sternen, deren hellste Regulus und Denebola heißen; sie gehören zum Sternbild des Großen Löwen. Zwischen diesen beiden steht noch ein fünfter, etwas schwächerer.

Die Linie 4—2, über 2 hinaus verlängert, trifft auf die Zwillinge Castor und Pollux; die Linie Polarstern — Pollux auf Procyon im Kleinen Hund; die Linie 4—1, an der Capella vorbei verlängert, zeigt nach dem hellen Stern Aldebaran im Stier, zu welchem auch die aus vielen sehr nahen Sternen bestehenden Gruppen der Hyaden und Plejaden (Gluckhenne) gehören. Die Hyaden sind dem Aldebaran näher und viel weniger augenfällig als die Plejaden, deren hellster Stern Alcyone heißt. Die Linie Polarstern—Capella leitet nach dem Orion oder Siebengestirn, von welchem vier helle Sterne (darunter Rigel, Beteigeuze, Bellatrix sehr hell) ein großes Viereck und drei in der Mitte stehende eine gerade Linie, den Jakobsstab, bilden.

---

*) Dieser Name wird gelegentlich auch γ Pegasi beigelegt.

140 Von den Fixsternen.

Die Verlängerung des Jakobsstabes gegen Osten weist auf den hellsten Stern des nördlichen Sternhimmels, Sirius im Großen Hund.

Fig. 36.

Verlängert man den Bogen der Deichsel des Großen Wagens über 7 hinaus (Fig. 36), so stößt man zuerst auf den hellen Stern Arkturus im Sternbild des Bootes, dann auf Spika in der Jungfrau, und endlich auf das Sternbild des Raben (vier gleichhelle Sterne, im Viereck stehend). Auf der Außenseite dieses Bogens, zwischen Großem Bären und Arktur (oder in der Verlängerung der Linie 2—7), stehen eine Reihe von Sternen in einem Halbkreis, das Sternbild der **Nördlichen Krone** mit dem Hauptstern Gemma; auf der Innenseite des Bogens liegt der Krone gegenüber ein Haufen kleinerer Sterne, das **Haar der Berenice**.

An der Hand dieser Orientierung wird es leicht sein, sich auf der beigegebenen „Karte des nördlichen Sternhimmels" und an diesem selbst zurechtzufinden.

§ 22. Entfernung, Helligkeit, Zahl und Farbe der Fixsterne.

Sofort nach Aufstellung des kopernikanischen Systems wurde der ganz richtige Schluß daraus gezogen, daß die Fixsterne kleine Schwankungen um ihren mittleren Ort ausführen müßten, da man sie ja von immer anderen Punkten im Raume sähe, und man begann sofort eifrig nach dieser Parallaxe der Fixsterne zu suchen. Als man trotz der feinsten in damaliger Zeit möglichen Messungen eine solche Parallaxe nicht fand, sah man dies vielfach als einen Beweis für die Unrichtigkeit des kopernikanischen Systems an. Aber auch später, als dessen Richtigkeit allgemein anerkannt war, konnte man keine Parallaxe ermitteln, bis Bessel und W. Struve im ersten Drittel des 19. Jahrhunderts zeigten, daß die angewandten Methoden nicht genau genug seien, und daß man nur dadurch zum Ziel kommen könne, daß man sogenannte relative Fixsternparallaxen, d. h. die Verschiebung besonders geeigneter Sterne gegen dicht benachbarte bestimmte. So gelang es Bessel im Jahre 1838, die Parallaxe des Doppelsternes 61 Cygni zu 0.314 zu bestimmen, mit anderen Worten: Der Stern 61 Cygni ist von uns so weit entfernt, daß von ihm aus gesehen der Halbmesser der Erdbahn unter einem Winkel von

0.314 Bogensekunden erscheint. Diese Zahl ist durch spätere genauere Messungen noch etwas modifiziert, ja man hat für die beiden Sterne, welche diesen Doppelstern bilden, verschiedene Parallaxen und damit Entfernungen von der Erde gefunden. Im ganzen sind jetzt von 85 Sternen die Parallaxen mehr oder weniger genau bestimmt, von denen in der folgenden Tabelle die wichtigsten aufgeführt sind. Wenn man aus den Parallaxen die Entfernungen der Sterne berechnet, kommt man auf so große Zahlen, daß es geboten ist, für diese Strecken ein größeres Einheitsmaß einzuführen. Als solches nimmt man die Entfernung an, welche das Licht in einem julianischen Jahre (von $365\frac{1}{4}$ Tag) zurücklegt, d. h. eine Länge von 9 Billionen und 467 280 Millionen Kilometern. In der folgenden Tabelle enthält die erste Kolumne die Bezeichnung des Sternes nach dem System von Bayer, und zwar nach den Sternbildern alphabetisch geordnet; die zweite gibt die vorhandenen Eigennamen, die dritte die Parallaxe in Bogensekunden, die vierte die Entfernung der Sterne von unserem Sonnensystem in Jahren Lichtzeit, wie man das oben definierte Maß nennt.

Bei der Kleinheit der Parallaxen und der Schwierigkeit ihrer Messung sind die hier angeführten Werte natürlich noch mit mehr oder weniger großen Ungenauigkeiten behaftet, wodurch die daraus berechneten Entfernungen ebenfalls nur als ungefähre Angaben anzusehen sind. Nach den bisherigen Parallaxenbestimmungen ist α Centauri (am südlichen Himmel) der uns nächste, δ Equulei der weitest entfernte Fixstern; doch ist es sicher, daß wir noch Fixsterne sehen, die noch unverhältnismäßig viel weiter von uns entfernt sind, als letzterer.

Seit den ältesten Zeiten ist es üblich, die mit bloßem

Entfernung, Helligkeit, Zahl und Farbe der Fixsterne.

Bezeichnung nach Bayer	Eigenname	Parallaxe	Entfernung	Bezeichnung nach Bayer	Eigenname	Parallaxe	Entfernung
α Andromedä	Sirrah	0″.059	55.0	α Geminorum	Castor	0″.198	16.4
β „		0.074	43.9	β „	Pollux	0.056	58.0
α Aquilä	Atair	0.282	14.0	α Herculis	Ras Algethi	0.050	65.0
α Arietis	Hamal	0.080	40.6	δ „		0.061	53.8
α Aurigä	Capella	0.079	41.1	η „		0 400	8.1
β „		0.062	52.4	π „		0.110	29.5
α Bootis	Arkturus	0.026	124.9	β Hydrä		0.184	24.2
α Canis majoris	Sirius	0.370	8.8	α Leonis	Regulus	0.024	135.3
α „ minoris	Procyon	0.334	9.7	β „	Denebola	0.029	112.0
α Cassiopejä	Shedir	0.036	90.2	α Lyrä	Wega	0.082	39.6
β „		0.154	21.1	70 Ophiuchi		0.218	14.9
γ „		0.050	81.8	α Orionis	Beteigeuze	0.024	135.3
η „		0.285	11.4	α Pegasi	Markab	0.082	39.6
ϑ „		0.232	14.0	ε „		0.061	40.1
μ „		0.275	11.8	α Persei	Algenib	0.087	37.8
α Centauri		0.752	4.3	β „	Algol	0.059	55.0
β „		0.030	108.3	α Scorpii	Antares	0.021	154.7
α Cephei	Alderamin	0.061	53.3	α Tauri	Aldebaran	0.109	29.8
α Crucis		0.050	65.0	β „		0.063	51.6
γ Cygni		0.102	81.8	α Ursä majoris	Dubhe	0.047	69.1
61¹ „		0.360	9.0	β „ „		0.087	37.8
61² „		0.288	11.3	γ „ „		0.100	32.5
γ Draconis		0.064	50.7	ε „ „		0.061	40.1
δ „		0.246	13.2	ϑ „ „		0.052	62.5
ν¹ „		0.320	10.2	ι „ „		0.130	25.0
ν² „		0.280	11.6	10 „ „		0.020	162.4
δ Equulei		0.017	191.2	α Ursä minoris	Polaris	0.082	39.6
α Eridani		0.043	75.5	β „ „	Cochab	0.064	50.7
ε „		0.140	28.2	δ „ „	Yildun	0.118	27.5
o² „		0.195	16.7				

Auge am Himmel sichtbaren Fixsterne ihrer Helligkeit nach in sechs Klassen einzuteilen, die man — da ein heller Stern dem unbewaffneten Auge „größer" erscheint als ein schwächerer — auch als „Größen" zu bezeichnen pflegt, obwohl sie natürlich mit den wirklichen Größenverhältnissen der Fixsterne absolut nichts zu tun haben. Auch die vielfach verbreitete Annahme, daß die helleren Fixsterne uns näher ständen als die schwächeren, kann wohl in einzelnen Fällen richtig sein; im allgemeinen aber ist sie, wie die Parallaxenbestimmungen lehren, nicht stichhaltig. Da nun die Sterne tatsächlich ihrer Helligkeit nach sich nicht sprungweise unterscheiden, sondern alle möglichen Übergänge darstellen, so unterscheidet man zwischen je zwei aufeinanderfolgenden Größenklassen bis zu zehn Zwischenstufen, oder gibt einfach die Helligkeit in ganzen Klassen und deren Dezimalen an. Dabei pflegte man früher alle Sterne, die heller als ein bestimmter Grenzwert waren, als „erster Größe" zu bezeichnen, so daß in dieser ersten Klasse alle hellsten Sterne untergebracht waren, mochten ihre Lichtstärken auch noch so verschieden sein. Neuerdings unterscheidet man auch hier genauer, indem man die Zählung der Größenklassen über Null hinaus in das Negative hinein fortsetzt, so daß ein Stern 0ter, — 1ster, — 2ter.... Größe beziehentlich eine, zwei oder drei Größenklassen heller ist als ein solcher 1ster Größe. Pogson hat festgestellt, daß das Verhältnis der Helligkeiten zweier aufeinanderfolgender Größenklassen 2,512 ist. Setzt man also die Helligkeit eines Sternes erster Größe gleich der Einheit, so ist die Helligkeit eines Sternes:

1. Größe	= 1.0000	6. Größe	= 0.0100
2. „	= 0.3981	7. „	= 0.0040
3. „	= 0.1585	8. „	= 0.0016
4. „	= 0.0631	9. „	= 0.0006
5. „	= 0.0251	10. „	= 0.0003

Dann kann man auch berechnen, wieviel Sterne einer schwächeren Klasse nötig sind, um die Helligkeit eines

Sternes stärkerer Größe zu ersetzen; man braucht nämlich nur die Zahl 2.512 so oft mit sich selbst zu multiplizieren, als die Differenz beider Klassen beträgt. Multipliziert man z. B. 2.512 neunmal mit sich selber, so findet man, daß 3983 Sterne 10. Größe an Helligkeit einem Sterne erster Größe gleichkommen. Ferner hat Tumlirz auf theoretischem Wege berechnet, daß ein Stern 6. Größe so hell erscheint, wie eine deutsche Normalkerze in 12 Kilometer Entfernung.

Einen ungefähren Begriff von der Anzahl der Sterne in den einzelnen Größenklassen und am Himmel überhaupt kann man sich durch Auszählung einzelner Sternkataloge verschaffen. Argelander verzeichnete in seiner „Uranometria nova" als im mittleren Europa am ganzen Himmel mit bloßem Auge sichtbar 3238 Sterne, von denen also etwa $2/3$ sich gleichzeitig über dem Horizont befinden. Heis konnte unter denselben Verhältnissen, aber mit schärferen Augen 5395 Objekte wahrnehmen. Die von Argelander in Bonn vorgenommene „Durchmusterung des nördlichen Himmels" enthält nördlich vom Äquator:

Größe	Anzahl	Größe	Anzahl
heller als 1.6	8 Sterne	5.6 bis 6.5	3002 Sterne
1.6 bis 2.5	35 „	6.6 „ 7.5	9955 „
2.6 „ 3.5	99 „	7.6 „ 8.5	34169 „
3.6 „ 4.5	230 „	8.6 „ 9.4	120451 „
4.6 „ 5.5	748 „	9.5	111276 „

wobei übrigens die Anzahl der Sterne für Klasse 9.5 recht ungenau ist, da Argelander vielfach auch schwächere Sterne mit beobachtete. Danach kann man für den ganzen Himmel die Anzahl der Sterne in den einzelnen Größenklassen etwa so annehmen:

heller als	1.6 Größe	19 Sterne		6.6 bis	7.5 Größe	19900 Sterne	
1.6 bis	2.5 „	65	„	7.6 „	8.5 „	68000	„
2.6 „	3.5 „	200	„	8.6 „	9.5 „	241000	„
3.6 „	4.5 „	490	„	9.6 „	10.5 „	723000	„
4.6 „	5.5 „	1400	„	10.6 „	11.5 „	2170000	„
5.6 „	6.5 „	4900	„	11.6 „	12.5 „	6500000	„

Die in den größten Fernrohren am ganzen Himmel sichtbaren Sterne zählen demnach viele Millionen.

Auch die Farbe der Fixsterne ist verschieden. Die meisten erscheinen weiß, viele haben ein gelbliches Licht, manche sehen namentlich im Fernrohr auffallend rötlich aus, bei einigen zeigt sich auch eine bläuliche Färbung. Da die Farben der Sterne selten rein, wohl aber vielfach Mischfarben sind, so sind die Beobachtungen derselben recht erschwert und hangen sehr von subjektiven Fehlern ab. Auch die vielfach behaupteten Farbenänderungen von Sternen sind wohl noch nicht einwandfrei festgestellt, wenn auch natürlich sehr wohl möglich, ja wahrscheinlich. Solche Farbenänderungen suchte Christian Doppler im Jahre 1843 auf folgende Weise zu erklären. Das Licht pflanzt sich nach allen Seiten in Wellen fort, die ein System von konzentrischen, sich rasch ausdehnenden Kugelflächen mit der Lichtquelle als Mittelpunkt bilden, und die verschiedenen Farben des Lichtes werden durch die Abstände bedingt, in welchen zwei solche Kugelwellen aufeinanderfolgen. Hat das Auge den Eindruck von rotem Licht, so ist der Abstand zwischen zwei aufeinander= folgenden Wellen — die sogenannte Wellenlänge — ziemlich groß, kleiner im Gelb, noch kleiner im Grün und Blau, und am kleinsten in den violetten Strahlen, die das Auge gerade noch wahrnehmen kann. Hierauf ge= stützt meinte Doppler, daß, wenn sich ein Stern der Erde rasch annähere, dadurch seine Farbe in der Richtung von

Rot nach Violett sich ändern müsse; denn durch die Annäherung des Sternes würden die von ihm ausgesandten Wellenlängen das Auge des Beobachters in immer kürzeren Intervallen treffen. So richtig diese Überlegung ist, so kann doch dadurch kein Farbenwechsel in der sich nähernden Lichtquelle bedingt werden, da bei der enormen Fortpflanzungsgeschwindigkeit des Lichtes (300 000 km in einer Sekunde) die Lichtquelle sich mit ganz unvorstellbar großer Geschwindigkeit annähern müßte, um den Eindruck eines Farbenwechsels hervorzubringen. Zerlegt man aber das Licht einer solchen sich bewegenden Lichtquelle durch das Spektroskop, so zeigen die in demselben sichtbaren Spektrallinien eine Verschiebung nach dem violetten Ende des Spektrums, wenn die Lichtquelle sich rasch dem Beobachter nähert, nach dem roten Ende, wenn sie sich rasch von ihm entfernt. Diese Linienverschiebung nach dem Dopplerschen Prinzip ist äußerst gering und nur mit den feinsten und besten Apparaten meßbar. Im Spektrum des Natriums zeigt sich eine helle gelbe Linie, die jedoch in sehr feinen Apparaten als aus zwei dicht nebeneinanderstehenden Linien gebildet sich darstellt, deren Wellenlängen nur um den zehnmillionsten Teil einer Strecke von 6 Millimetern differieren; um eine Verschiebung einer solchen Linie an die Stelle der anderen zu bewirken, müßte sich die Natriumflamme in der vom Auge des Beobachters nach ihr gezogenen Linie, dem sogenannten Visionsradius, mit einer Geschwindigkeit von 302.7 Kilometer in einer Sekunde bewegen. Die folgenden Paragraphen geben einige nach dem Dopplerschen Prinzip gemachte Beobachtungen.

§ 23. Veränderliche und neue Sterne.

Die im vorigen Paragraphen gemachten Angaben über Helligkeiten der Fixsterne sind natürlich nur so lange gültig, als sich die Helligkeiten der einzelnen Sterne nicht ändern. Nun sind aber Zweifel, ob dies der Fall ist, nicht unberechtigt; denn man hat bis jetzt etwa für 500 Sterne sicher nachgewiesen, daß ihre Helligkeiten mehr oder minder regelmäßigen Schwankungen unterworfen sind, während man noch bei einer Anzahl anderer ähnliche Verhältnisse vermutet. Unter diesen **veränderlichen Sternen** herrscht die größte Mannigfaltigkeit sowohl in Bezug auf Dauer der Periode, wie auf Stärke des Lichtwechsels, so daß eine alle umfassende Klassifikation derselben nicht möglich ist. Man kann höchstens zwei große Klassen unterscheiden, nämlich solche, bei denen Periode und Stärke des Lichtwechsels eine gewisse Regelmäßigkeit zeigt, und solche, bei denen das nicht der Fall ist. In der ersteren Klasse pflegt man gelegentlich zwei verschiedene Typen, den Algol- und den Lyratypus, zu trennen, die nach zweien der bekanntesten Veränderlichen genannt sind.

Im Jahre 1669 bemerkte Montanari, daß der Stern Algol (β Persei), der für gewöhnlich 2ter Größe ist, gelegentlich nur in 3ter oder 4ter Größe strahlte; aber erst 1782 stellte Goodricke den Lichtwechsel des Algol näher fest. Während derselbe für gewöhnlich 2,3ter Größe ist, sinkt er plötzlich innerhalb $4^h\ 37,5^m$ auf die 3,5te Größe, um in der gleichen Zeit wieder auf 2,3te Größe zu steigen, die er dann für 2 Tage $11^h\ 33^m$ beibehält, bis das Spiel von neuem beginnt. Einen ähnlichen, wenn auch nicht so regelmäßigen Lichtwechsel zeigen noch 24 andere Sterne, die man als solche des Algoltypus bezeichnet.

Ebenfalls durch Goodricke wurde 1784 der Lichtwechsel von β Lyrä zuerst bemerkt. Dieser steigt innerhalb $3^d\ 3,^h3$ von 4,5ter auf 3,4te Größe, sinkt in 3^d

Veränderliche und neue Sterne.

$5,^h8$ auf 3,9 herab, steigt dann in $3^d\ 2,^h9$ wieder auf 3,4, um nach $3^d\ 3,^h8$ wieder auf die 4,5te Größe zurückzugehen und dann denselben Wechsel von neuem durchzumachen. β Lyrä hat also im Gegensatze zu Algol zwei gleichhelle Maxima und ein Haupt- und ein Nebenminimum, in denen er 4,5ter bez. 3,9ter Größe ist. Einen angenähert ähnlichen Lichtwechsel zeigen noch etwa 11 andere Sterne, die man daher zum Lyratypus rechnet.

Von den unregelmäßig Veränderlichen ist besonders o im Walfisch (Mira Ceti) bekannt geworden, welcher bald als sehr heller Stern erscheint, bald wieder verschwindet, wobei aber sowohl die Stärke des größten Glanzes als die Dauer der Periode wechselt; im November 1779 war er in seinem Maximum heller als 2ter Größe, im Maximum des Jahres 1868 nur etwa 5ter Größe.

η in der Argo war 1677 von der vierten, 1689 von der zweiten, 1827 von der ersten Größe, 1838 von Herschel an Glanz gleich dem dritthellsten Stern des Himmels, α Centauri, gefunden, stand 1843 nur noch dem Sirius nach, ist aber bis 1868 auf die 7te Größe zurückgegangen, die er jetzt noch hat.

Von den jetzt sicher als veränderlich erkannten Sternen stehen etwa $5/8$ nördlich, die übrigen südlich vom Himmelsäquator, und 27 der letzteren haben eine Deklination zwischen $-30°$ und $-90°$. Ferner kommen Perioden des Lichtwechsels in der Dauer von

    4 Stunden bis 20 Tagen bei 45 Sternen
   20 Tagen   „ 100   „   „ 11   „
  100   „   „ 200   „   „ 22   „
  200   „   „ 300   „   „ 51   „
  300   „   „ 400   „   „ 59   „
  über   400   „   „ 19   „

vor, abgesehen einmal von denjenigen Veränderlichen, von

denen man überhaupt nichts weiter weiß, als daß ihre Helligkeit wechselt, und zweitens von denjenigen sehr lichtschwachen Veränderlichen, welche zahlreich in dichten Sternhaufen (z. B. ω Centauri) vorkommen und die meist sehr kurze (kleiner als 24 Stunden) Perioden des Lichtwechsels haben.

Von vielen werden jene eigentümlichen Sterne, die plötzlich am Himmel aufleuchten, um nach einiger Zeit wieder zu verschwinden, und die man gewöhnlich als neue Sterne bezeichnet, für veränderliche Sterne mit sehr langer und ganz unregelmäßiger Periode angesehen; denn tatsächlich pflegen dieselben meist nur dem bloßen Auge zu entschwinden, während sie in den Fernrohren noch deutlich sichtbar bleiben und vielfach schon vor dem Aufleuchten als schwache Sterne sichtbar waren.

Tycho Brahe entdeckte im Jahre 1572 einen solchen in der Cassiopeja, der anfangs sogar am Tage sichtbar war, dann aber allmählich schwächer und schwächer wurde und im März 1574 dem unbewaffneten Auge entschwand. Da angeblich in den Jahren 945 und 1264 ungefähr am gleichen Orte neue Sterne gesehen sein sollen, so hat man den Tychonischen Stern als einen Veränderlichen mit 314 jähriger Periode angesehen. Dann wäre er möglicherweise mit dem bei Christi Geburt erwähnten hellen Stern identisch; jedenfalls müßte er 1886 oder in den folgenden Jahren wieder erschienen sein, was nicht der Fall gewesen ist.

1600 sah Janson einen neuen Stern, der seit 1677 unverändert in 5ter Größe leuchtet, während er vorher zweimal bis 3ter Größe anwuchs und dazwischen einmal ganz verschwand. Kepler entdeckte im Jahre 1604 einen neuen Stern der ersten Größe im östlichen Fuße des Schlangenträgers, der anfangs nicht ganz so hell wie der Tychonische Stern war, bald an Helligkeit abnahm und im März 1606 dem freien Auge unsichtbar wurde. Der Kartäuser=Mönch Anthelme sah 1670 einen Stern 3ter Größe im Füchslein, der bald unsichtbar wurde, im folgenden Jahre nochmals in 4ter Größe aufleuchtete und dann im nächsten Jahre definitiv verschwand. Nun folgte eine lange Pause. Erst im April 1848 entdeckte Hind einen neuen rötlichgelben Stern fünfter Größe im Schlangenträger, der jetzt zu den Veränderlichen gerechnet wird. Der Stern T in der Krone erschien 1866 plötzlich als Stern zweiter Größe und ist schnell wieder zur neunten herabgesunken. Am 24. November 1876 sah Schmidt in Athen einen neuen Stern im Schwan, der früher jedenfalls nicht von der zehnten Größe war; zuerst von der dritten Größe, verschwand er nach wenigen Wochen dem bloßen Auge und war 1878 schon von der zehnten bis elften Größe; jetzt ist er nur noch in sehr starken Fernrohren sichtbar.

Ende August 1885 wurde von Hartwig in Dorpat ein Stern 7. Größe im Sternbild der Andromeda wahrgenommen, welcher nachweislich Anfang August an dieser Stelle des Himmels noch nicht sichtbar war. Sein Licht hat später rasch abgenommen.

Im Februar 1891 wurde von Dr. Anderson in Edinburg ein neuer Stern 5. Größe im Fuhrmann entdeckt, welcher Mitte Dezember 1891 die Größe 4,5 erreichte, aber schon im März 1892 auf die 13. Größe zurücksank. Auf photographischen Abbildungen dieser Himmelsgegend von 1885 bis Nov. 1891, welche sonst noch Sterne 11. Größe zeigten, war er nicht enthalten. Derselbe Dr. Anderson fand am 21. Februar 1901 $14^h\ 40^m$ Greenwicher Zeit im Sternbilde des Perseus einen hellen Stern 2,7ter Größe, der am 23. Februar zwischen 8 und 9 Uhr abends seine größte Helligkeit erreichte (nämlich 0,0ter Größe) und von da an wieder abnahm. Aber diese Abnahme war keine stetige und kontinuierliche, sondern es traten eigentümliche Helligkeitsschwankungen wie bei veränderlichen Sternen auf. Die Periode dieser Lichtschwankungen betrug Mitte März 1901 3 Tage, nahm dann an Länge zu, so daß sie im Mai eine Länge von 5 Tagen hatte; dabei wurden die Schwankungen selbst immer geringer und verloren sich schließlich ganz. Durch photographische Aufnahmen ist konstatiert, daß die Nova am 19. Februar 1901 noch schwächer als 11ter Größe gewesen ist; auch ist es möglich, daß die Nova mit einem schwachen Stern identisch ist, der sich auf photographischen Aufnahmen aus den Jahren 1890, 1893 und 1894 fast genau an der Stelle der Nova findet und damals in Helligkeit zwischen 13. und 14. Größe schwankt.

Auch in spektralanalytischer Beziehung ist dieser neue Stern im Perseus sehr merkwürdig; denn nicht nur daß sein Spektrum bald nach dem Aufleuchten rasche und eigentümliche Veränderungen durchmachte, sondern es zeigten sich später eine Zeitlang ein periodischer Wechsel zwischen einem Gasspektrum und einem kontinuierlichen Spektrum. Aber auch damit waren die Überraschungen, welche dieser neue Stern den Astronomen brachte, noch nicht erschöpft. Im Herbst des Jahres 1901 gelang es zuerst, mit Sicherheit eine den Stern umgebende Nebelmasse zu photographieren. Bald zeigten sich helle und dunkle Partien in derselben, und an einigen der hellsten Punkte ließen sich deutliche Bewegungen von der Nova weg konstatieren. Da die Geschwindigkeiten, mit denen diese Bewegungen erfolgten, ungeheuer große waren, ja sich der Lichtgeschwindigkeit annäherten, so erschten die annehmbarste Erklärung für diese Erscheinung die zu sein, daß man es hier nicht mit wirklichen Bewegungen von Nebelmaterie zu tun habe, sondern nur mit fortschreitenden Reflexen des von der Nova ausgesandten Lichtes an den einzelnen Schichten einer sich von uns aus gerechnet hinter der Nova erstreckenden Nebelmasse. Diese Nebelmaterie um den neuen Stern hat aber auch dazu beigetragen, der von H. Seeliger aufgestellten Theorie über die Ursache des Aufleuchtens der sogenannten neuen Sterne eine starke Stütze zu geben. Seeliger denkt sich den Glühzustand, in welchem ein solcher „neuer Stern" sich zweifellos befindet, dadurch hervorgerufen, daß ein an seiner Oberfläche erkalteter oder wenigstens so weit, daß kein intensives Leuchten mehr erfolgt, abgekühlter Körper in eine Wolke kosmischen Staubes oder in eine Art Nebelmaterie eindringt und durch die Reibung der Staubteilchen an seiner Oberfläche zum Glühen kommt.

Diese von Seeliger aufgestellte Hypothese ist durchaus nicht die einzige, die man für das Aufleuchten neuer oder veränderlicher Sterne annimmt, und zweifellos werden auch sehr verschiedene Ursachen dabei wirksam sein.

Bei den Sternen mit so regelmäßigem Lichtwechsel, wie bei denen des Algol= und Lyratypus, lag die Vermutung nahe, daß man es hier mit zwei sich im wechselseitigen Umkreisen mehr oder minder stark verdeckenden Körpern zu tun habe, von denen der eine hell leuchte, der andere aber dunkel oder höchstens in Rotglut sei. Im Jahre 1889 gelang es nun Vogel und Scheiner in Potsdam, mittelst des Dopplerschen Prinzips (§ 22) nachzuweisen, daß sich $1^d\ 10^h$ vor einem Minimum Algol von der Erde fort, ebensolange nach demselben auf diese zu bewege. Sie berechneten daraus mit Hilfe der aus dem Lichtwechsel bekannten Umlaufszeit folgende Bahnelemente:

Durchmesser des Hauptsternes	$= 2510000$ Kilom.
„ „ dunkeln Begleiters	$= 1960000$ „
Abstand der Mittelpunkte voneinander	$= 5190000$ „
Geschwindigkeit d. Hauptsternes ⎫ in der	$= 42$ Kilom. ⎫ in einer
„ „ Begleiters ⎭ Bahn	$= 89$ „ ⎭ Sekunde.
Masse des Hauptsternes	$= 4/9$ d. Sonnenmasse
„ „ Begleiters	$= 2/9$ „ „

Auf ganz ähnliche Weise hat Pickering den Lichtwechsel von β Lyrä erklärt, indem er wegen der beiden Maxima zwei oder drei etwa gleichhelle Sterne annimmt, die sich teilweise gegenseitig verdecken. Belopolsky in Pulkowa hat den tatsächlichen Beweis für die Richtigkeit der Pickeringschen Annahme erbracht. Es unterliegt wohl keinem Zweifel, daß wir für fast alle Veränderlichen des Algol- und Lyratypus dieselbe Erklärung für den Lichtwechsel anzunehmen haben, wie bei Algol und β Lyrä; und daß man den faktischen Beweis dafür noch nicht erbracht hat, liegt hauptsächlich daran, daß die anderen Sterne dieser Typen viel lichtschwächer als die genannten beiden sind, und daher für ihre spektroskopische Untersuchung manchmal nicht einmal die stärksten Fernrohre ausreichen.

§ 24. Doppelsterne.

Es gibt viele Sterne, die, durch Fernrohre mit hinreichend starken Vergrößerungen gesehen, in zwei aufgelöst erscheinen; ja manche werden sogar schon von besonders scharfen Augen doppelt erblickt (Mizar und Alkor im Großen Bären, ϑ im Stier, α im Steinbock, ε in der Leier). Der ältere Herschel, W. Struve, der jüngere Herschel und O. Struve sowie in neuester Zeit

S. W. Burnham haben sehr ausgedehnte Kataloge solcher Doppelsterne geliefert. Struve hat unter etwa 120 000 durchmusterten Sternen über 3000 Doppelsterne gefunden, wonach durchschnittlich jeder vierzigste Stern ein Doppelstern ist. Gegenwärtig kennt man mehr als 6000 Doppelsterne, deren beide Individuen weniger als 32" auseinanderstehen und von mehr als der 11. Größe sind.

Es spricht schon die Wahrscheinlichkeit dafür, daß dieses häufige Vorkommen naher Sterne nicht nur ein zufälliges rein optisches ist, sondern daß diese Sterne auch physisch zusammengehören. Dies gibt sich bei vielen durch eine gemeinsame Eigenbewegung (siehe § 26) unter den übrigen Sternen kund, besonders aber durch die Bewegung des einen Sternes um den anderen. Diese Bewegung geschieht ähnlich, wie diejenige der Planeten um die Sonne, nämlich so, daß beide Teile um ihren gemeinschaftlichen Schwerpunkt Ellipsen beschreiben, und daß das zweite Keplersche Gesetz Gültigkeit hat. Da die Abstände der beiden Sterne von ihrem gemeinschaftlichen Schwerpunkt sich umgekehrt wie die Massen verhalten und die letzteren unbekannt sind, so kann man nur den Umlauf des einen Sternes um den als ruhend gedachten anderen, oder die relative Bewegung des schwächeren Sternes um den Hauptstern beobachten. Auch diese relative Bahn ist eine Ellipse, welche der wahren Bahn ähnlich ist und in derselben Zeit beschrieben wird.

Da die Ebene der Bahn gegen die Gesichtslinie vom Sonnensystem nach dem Doppelsternsystem (welche wegen der großen Entfernung des letzteren als unveränderlich betrachtet werden kann) geneigt ist, so sieht man nicht die wahre Bahn selbst, sondern ihre Abbildung auf einer zur Gesichtslinie senkrechten Ebene; man nennt diese die Projektionsellipse. Für die Beziehungen zwischen der wahren Bahn und der Projektionsellipse gelten folgende Sätze: Der Mittelpunkt der wahren Bahn projiziert sich auf den Mittelpunkt der Projektionsellipse; die Projektionen der elliptischen Sektoren der wahren Bahn werden mit gleichbleibender Flächengeschwindigkeit überfahren; die Verbindungslinie des Hauptsternes mit dem Mittelpunkt der Projektionsellipse ist die Projektion der Apsidenlinie der wahren Bahn, dagegen ist der Ort des Hauptsternes nicht Brennpunkt der Projektionsellipse. Mit Hilfe dieser Sätze läßt sich die wahre Bahn des einen Sternes um den anderen berechnen, wenn man die Umlaufszeit beobachtet und die Projektionsellipse auf einer Karte eingetragen hat.

Bei mehr als 800 Doppelsternen hat man bis jetzt eine Umlaufsbewegung mit Sicherheit bemerkt und bei etwa 50 eine sichere Bahn berechnet; die kürzeste sichere Umlaufszeit findet sich für δ im Füllen mit $11^1/_2$ und für β im Delphin mit 17 Jahren, dagegen die längste für ζ im Wassermann mit 1578 Jahren.

Neben doppelten Sternen finden sich auch vielfach physisch zusammengehörige Systeme von drei, vier oder mehr Sternen. So besteht ζ im Krebs aus drei Sternen, und von Seeliger ist durch die Störungen, welche am dritten beobachtet wurden, nachgewiesen, daß er selbst noch einen sehr nahen, aber dunkeln Begleiter habe; ebenso sind γ in der Andromeda, ξ im Skorpion, μ im Herkules dreifache Sterne; die beiden Sterne ε und 5 in der Leier sind je Doppelsterne, die Schwerpunkte derselben kreisen aber umeinander; im Einhorn kennt man sogar ein System mit 5 Paaren von Doppelsternen.

In einigen Fällen hat man auch an einzelstehenden Sternen periodisch sich ändernde Eigenbewegungen bemerkt und daraus auf einen unbekannten dunkeln Begleiter geschlossen, mit dem zusammen der helle Stern ein Doppelsternsystem bildet. Solche Fixsternbegleiter sind bei Sirius und Procyon von Auwers berechnet; bei ersterem durch Clark 1862, bei letzterem ganz neuerdings auf dem Lickobservatorium beobachtet worden.

Durch die Beobachtung der Verschiebung von Spektrallinien zum Zweck der Ermittelung einer Bewegung in der Sehrichtung ist auch die Doppelsternnatur von solchen Sternen ermittelt worden, deren Begleiter entweder dunkel oder sehr lichtschwach sind oder in sehr großer Nähe beim Hauptstern stehen.

Dazu gehört nach den Untersuchungen Vogels besonders Spika (α Virginis), für welchen man unter Annahme einer Kreisbewegung eine Umlaufszeit von $4^d\,0,^h3$ und eine Geschwindigkeit in der Bahn für den Hauptstern von 89 km pro Sekunde findet; dabei müßte der Mittelpunkt des Hauptsternes von dem gemeinsamen Schwerpunkt ungefähr 4 880 000 km abstehen. Pickering in Amerika hat auf gleichem Wege nachgewiesen, daß β Aurigä und ζ Ursä majoris (Mizar) je aus zwei gleichhellen Sternen bestehen. Nimmt man beide Körper jedesmal gleich groß an, so ergibt sich für β Aurigä, bei einer Umlaufszeit von $3^d\,22,^h6$ um den gemeinsamen Schwerpunkt, ein Abstand der beiden Körpermittelpunkte voneinander zu 12 300 000 km und eine Geschwindigkeit von 112 km pro Sekunde in der Bahn. Die Beobachtungen von ζ Ursä majoris haben noch keine Entscheidung darüber gegeben, ob die Umlaufszeit der Komponenten um den Schwerpunkt 210 Tage oder nur halb so viel beträgt. Die unter den veränderlichen Sternen besprochenen Algol und β Lyrä gehören natürlich auch hierher; nur daß bei ihnen das Moment der gegenseitigen Bedeckung hinzutritt, was bei den vorgenannten drei Sternen wegfällt. Besonders zahlreich sind mit dem mächtigen Fernrohr der Lick-Sternwarte in Kalifornien die Entdeckungen solcher spektroskopischen Doppelsterne gelungen, deren man jetzt etwa 40 sicher kennt.

§ 25. Nebelflecke und Sternhaufen.

Nebelflecke nennt man kleine, mehr oder weniger lichte Stellen am Himmel, welche durch Fernrohre betrachtet zum Teil ihr nebelartiges Aussehen behalten, zum Teil sich aber bei Anwendung stärkerer Fernrohre in einzelne Sterne auflösen. Die ersteren sind die eigentlichen Nebel, die letzteren Sternhaufen. Sternhaufen, welche man mit bloßem Auge sehen kann, sind die Plejaden, innerhalb welcher man mit dem Fernrohr verschiedene kleinere Nebelflecke wahrnimmt, ferner die Krippe im Krebs; mit schwächeren Instrumenten sichtbar sind zwei Sternhaufen im Perseus und einer im Herkules; nicht auflösbare Nebel sind mit dem bloßen Auge im Orion und in der Andromeda leicht zu erkennen. Sternhaufen und eigentliche Nebel kennzeichnen sich im Spektroskop: die einen durch ihr kontinuierliches Spektrum als diskrete glühende, feste oder flüssige Körper, die andern durch ihr Linienspektrum als Gasmassen.

Während nun aber in den stärksten Fernrohren viele Nebel sich in Sternhaufen auflösen, so daß in einem Raume von 8' bis 10' Durchmesser 10 bis 12 000 Sterne enthalten sind, andere dagegen, welche das Spektroskop unzweifelhaft als Sternhaufen erkennen läßt, auch in den größten Teleskopen als Nebel erscheinen, so findet man auch solche, bei welchen ein Stern oder ein Sternhaufen von nebliger Masse umgeben ist und das Spektroskop neben einem kontinuierlichen auch ein Linienspektrum erkennen läßt. Der Form nach unterscheidet man im Fernrohr, besonders unter Anwendung der Photographie, Ringnebel (z. B. der im Orion, in der Andromeda, in der Leier), Spiralnebel (in den Jagdhunden) und planetarische Nebel, welche im Fernrohr als kleine Scheibchen von regelmäßiger Form erscheinen, und bei welchen die Photographie in der Mitte einen dichteren Gaskern zeigt (z. B. im Drachen), endlich Nebelsterne, d. h. Sterne, welche von Nebelmasse von mehr oder weniger regelmäßiger Form umgeben sind (ε Orionis), und unregelmäßige Nebel (Dumbbellnebel im Fuchs, Omeganebel im Schützen, Crabnebel im Stier). Man hat bemerkt, daß die unregelmäßigen sowie die planetarischen Nebel sich meist in der Nähe der Milchstraße befinden, während die regelmäßigen weit davon abstehen. Eine eigentliche Klassifikation soll diese Aufzählung der fünf Arten keineswegs darstellen; denn diese läßt sich weder nach der Form noch nach dem spektroskopischen Verhalten irgendwie sicher vornehmen, da nirgends scharfe Unterscheidungsmerkmale zwischen den einzelnen Nebeln auftreten.

Was die Frage nach der Veränderlichkeit der Nebel betrifft, so steht zweifellos fest, daß einzelne kleine Nebel ihre Helligkeit geändert haben, bezw. verschwunden sind. Besonders interessant ist in dieser Beziehung ein sehr kleiner Nebel, den Hind am 11. Oktober 1852 dicht bei dem veränderlichen Stern T Tauri auffand und der später noch von verschiedenen Beobachtern mehr oder minder gut mit kleineren Instrumenten (6—7 Zoll Öffnung) gesehen wurde, 1868 nur noch in doppelt so großen Instrumenten sichtbar war und jetzt selbst mit den größten Fernrohren nicht mehr sichtbar ist. 1868 fand O. Struve beim Suchen nach dem Hindschen Nebel einen zweiten kleinen Nebel dicht bei diesem, der dann auch von anderen gesehen wurde, jetzt aber nur mit den mächtigsten Fernrohren eben noch sichtbar ist.

In einzelnen Sternhaufen sind neuerdings auf photographischem Wege veränderliche Sterne von S. J. Bailey aufgefunden worden, so in dem Sternhaufen Messier 3 in den Jagdhunden nicht weniger als 87, und in dem dicht bei 5 Serpentis liegenden Sternhaufen Messier 5 zeigten sich von den zu ihm gehörigen 750 Sternen 46 (also 6 %) als veränderlich. Ferner gelang es Bailey, in dem Sternhaufen ω im Centauren unter 6389 Sternen 124 Veränderliche zu finden und für 95 derselben die Periode des Lichtwechsels genauer festzustellen, die bei 90 nicht einmal 24 Stunden beträgt. Auch in verschiedenen anderen Sternhaufen finden sich veränderliche Sterne, wenn auch nicht so zahlreich wie in den genannten, wobei aber bemerkt werden muß, daß in sehr vielen Sternhaufen die Sterne gegen Mitte hin so dicht stehen, daß man sie nicht einzeln untersuchen kann, sich also auch unter diesen noch manche veränderliche finden können.

§ 26. Eigenbewegung der Sterne, Verteilung der Sterne, Bau des Universums.

Eine große Zahl von Fixsternen zeigt nach genauer Beobachtung und Vergleichung derselben mit früheren eine kleine Ortsveränderung. Argelander, Mädler, Stone und Gould haben durch Vergleichung mit den früheren Beobachtungen Bradleys von über 4000 Sternen solche Eigenbewegungen festgestellt. Die größte von 7″ jährlich zeigt ein Stern im Großen Bären (1830 des Verzeichnisses von Groombridge); der helle Stern, α Centauri, bewegt sich jährlich um 3″,7. Soweit bis jetzt beobachtet ist, sind die Eigenbewegungen aller Sterne geradlinig, d. h. wenn ihre Bahnen krummlinig sind, so sind sie im Verhältnis zu dem bis jetzt beobachteten Stück ungeheuer groß. Die Richtung und die Geschwindigkeit der Eigenbewegung ist an allen Gegenden des Himmels verschieden. Da die Sonne, wie die spektroskopischen Untersuchungen beweisen, ebenfalls zu den Fixsternen gehört, so ist eine Eigenbewegung derselben wahrscheinlich; also setzt sich die beobachtete Eigenbewegung der Sterne zusammen aus der wirklichen und optischen Verschiebung infolge der Bewegung des Sonnensystems. Die Sterne, denen wir uns nähern, müssen auseinander zu gehen, die, von denen wir uns entfernen, sich zu nähern scheinen. Wenn man also aus den Eigenbewegungen einer sehr großen Zahl von Sternen das Mittel nimmt, so erhält man den Punkt, nach welchem sich das Sonnensystem zu bewegen scheint, oder den sogenannten Apex des Sonnensystems. Nach den neuesten Untersuchungen von Kobold liegt derselbe bei 266^0 30' Rektaszension und 3^0 4,'5 südlicher Deklination, also in der Nähe von ζ Serpentis; doch haftet dieser Bestimmung ebenso wie allen ähnlichen früheren naturgemäß eine große Unsicherheit an, da die Zahl der Sterne, von denen man die Eigenbewegung kennt, verhältnismäßig noch viel zu gering ist.

Es gibt verschiedene Sterngruppen mit gemeinsamer, von den Bewegungen der Umgebung verschiedener Eigenbewegung; diese gehören wahrscheinlich physisch zu Systemen höherer Ordnung.

Im Stier bewegen sich eine große Zahl heller Sterne gegen Osten, die Hauptsterne der Plejaden rücken gegen Nordwesten fort, auch fünf von den sieben Hauptsternen des Großen Bären haben gemeinsame Eigenbewegung.

In neuester Zeit hat D. Gill, der Direktor der Sternwarte am Kap der guten Hoffnung, auf Grund seiner Untersuchungen die Ansicht ausgesprochen, daß die helleren Sterne als ein Ganzes in Bezug auf die schwächeren Sterne als ein Ganzes eine Rotationsbewegung auszuführen scheinen um ein bis jetzt noch nicht genauer zu bestimmendes Zentrum.

Über die wirkliche Größe der Bewegung im Raum hat die photographische Messung der Spektrallinienverschiebung durch Vogel einigen Aufschluß gegeben; er fand z. B. für Wega eine Annäherung von 15 km pro Sekunde, für γ im Löwen von 39 km, für Aldebaran eine Entfernung von 49 km pro Sekunde. Die wirkliche Eigenbewegung des Sonnensystems wird auf etwa 25 km pro Sekunde geschätzt.

Bisher ist es in Potsdam erst gelungen, für 50 der hellsten Sterne die Bewegung im Visionsradius mit genügender Genauigkeit zu ermitteln, und wenn auch die Beobachtungen an anderen, besonders amerikanischen Sternwarten diese Zahl erheblich vermehrt haben, so ist das doch gegenüber der ungeheuren Zahl der Sterne eine verschwindend kleine Anzahl. Erst wenn es im Laufe der Zeit gelungen sein wird, für eine große Anzahl von Sternen sowohl die Eigenbewegungen als auch ihre Bewegungen im Visionsradius genau zu ermitteln, so daß man dann ihre wirklichen Bewegungen im Weltenraum nach Größe und Richtung daraus ableiten kann, erst dann wird man eine genauere Bestimmung der Bewegung unseres gesamten Sonnensystems ausführen können.

Die Verteilung der helleren Sterne am Himmel bis zur vierten Größe ist eine ziemlich gleichmäßige; die lichtschwächeren Sterne, besonders die teleskopischen, zeigen dagegen ein anderes Verhalten: sie kommen in überwiegender Anzahl in der Nähe der Milchstraße vor, eines den Himmel umgebenden, besonders in klaren Sommernächten deutlich sichtbaren lichtvollen

Gürtels, welcher nur wenige Grade von einem größten Kreise abweicht, unregelmäßig begrenzt ist und an einigen Punkten dunkle, sternarme Stellen zeigt. Sie zieht sich durch die Sternbilder Adler, Schlange, Schwan, Cassiopeja, Perseus, Fuhrmann, Einhorn, Schiff, Kreuz, Skorpion, Schütze; während sie dem bloßen Auge als ein zarter, ungleich stark leuchtender Wolkenzug erscheint, wird sie in den lichtstärksten Fernrohren größtenteils in Sterne aufgelöst. Ihre Breite ist im Einhorn am größten (17°), unter den Hinterfüßen des Centauren am südlichen Sternhimmel am kleinsten (2°); ihr Pol befindet sich in $12^{1}/_{2}{}^{h}$ Rektaszension und $+30°$ Deklination, sie schneidet den Äquator nahe in 7^{h} und 18^{h} Rektaszension. Unter der Voraussetzung, daß die wirkliche Verteilung der Sterne im Raume eine gleichmäßige sei, zählte Herschel an verschiedenen Stellen des Himmels die Zahl der in einem Raum von bestimmter Größe vorhandenen Sterne und fand, daß die Häufigkeit um so größer ist, je mehr man sich der Milchstraße nähert. Die eigentlichen Nebel sind dagegen häufiger in den von der Milchstraße entfernten Himmelsgebieten.

Auf Grund ähnlicher, durch Seeliger bewirkter Abzählungen hat Prey berechnet, daß die Milchstraße durch zwei Ebenen größter Sterndichte dargestellt wird, deren Pole bei $13,{}^{h}3$ Rektaszension und $+17.°9$ Deklination bez. bei $12.{}^{h}1$ und $+19.°7$ liegen und deren sphärischer Radius $91.°3$ bez. $89.°4$ beträgt; die beiden Ebenen schließen einen Winkel von $16.°4$ ein.

Herschel schloß aus seinen Beobachtungen, daß wir uns in der Mitte eines Systems von Sternen befinden, welche einen linsenförmigen Raum einnehmen und darin ziemlich gleichmäßig verteilt sind. Um von dem einen Ende dieses Systems ans andere zu kommen, würde das

Licht etwa 14000 Jahre brauchen. Analogien zu diesem unserem Milchstraßensystem wären dann die davon viel weiter entfernten Sternhaufen und elliptischen Nebelflecke.

Später hat man unter gleichzeitiger Berücksichtigung der Helligkeitsverhältnisse und der Zahl der von jeder Größenklasse in einem bestimmten Raume vorkommenden Sterne andere Hypothesen über die Verteilung der Himmelskörper aufgestellt; namentlich haben Struve, Argelander, Gould und Newcomb sich damit beschäftigt.

Nach der Ansicht der letzteren befinden sich die meisten Sterne innerhalb eines von parallelen Ebenen begrenzten Raums nicht gleichmäßig verteilt, sondern zu unregelmäßigen Gruppen vereinigt. Die Sonne liegt mit den Planeten nahe dem Zentrum dieses Raumes, dessen Richtung annähernd die der Milchstraße ist. Die größeren Sterne sind in demselben ziemlich gleichförmig um uns verteilt, zu beiden Seiten der Milchstraßenscheibe sind die Sterne gleichmäßiger und dünner gesät und erstrecken sich nicht so weit nach außen, wie innerhalb der Scheibe, dagegen befinden sich auf ihren beiden Seiten die Regionen der Nebelflecke, in welchen man nur wenige Sterne, aber viel Nebel antrifft; letztere werden mit Annäherung an die Milchstraßenscheibe seltener, während die Sternhaufen an Zahl zunehmen.

Die zuletzt noch aufzuwerfende Frage nach der Stabilität dieses ganzen Sternsystems ist bei dem hypothetischen Charakter der ganzen Anschauungen über dasselbe viel schwieriger und viel weniger bestimmt zu beantworten, als diejenige nach der Stabilität des Sonnensystems. Daß sich einzelne Sterngruppen nach bestimmten, den Keplerschen Gesetzen entsprechenden Regeln bewegen, steht ja unzweifelhaft fest, ebenso daß auch mehrere solcher Gruppen zusammen wieder ein gesetzmäßiges Ganzes

Eigenbewegung der Sterne, Verteilung der Sterne 2c.

bilden; aber dabei gibt es einzelne Körper in diesem Sternsystem, die sich keiner Regel zu fügen scheinen. Ein Stern z. B., der in dem Groombridge-Katalog Nr. 1830 führt, bewegt sich den besten Messungen nach mit einer Geschwindigkeit von mehr als 300 Kilometer in einer Sekunde durch den Raum; das ist eine Geschwindigkeit, der gegenüber nur die Annahme möglich ist, daß wir es hier mit einem irrenden Stern zu tun haben, dessen ungeheure Geschwindigkeit ihn dem anziehenden Einfluß der anderen Sterne entreißt. Die andere noch denkbare Ursache seiner Geschwindigkeit, daß er nämlich durch Anziehung einer gewaltigen Masse zu dieser Geschwindigkeit getrieben würde, ist deshalb nicht zulässig, weil dann alle Körper des ganzen Sternsystems von dieser ungeheuren Masse auf einen Haufen zusammengezogen werden müßten, was entschieden doch nicht der Fall ist. Der genannte Stern wird nun sicher nicht der einzige Vagant unter den Sternen sein; aber selbst wenn er es wäre, so würde doch dieser eine Fall genügen, um darzutun, daß die Stabilität des Sternsystems nicht so fest begründet ist, wie die unseres Planetensystems, wenn auch irgend eine nennenswerte Störung desselben in absehbarer Zeit ausgeschlossen sein dürfte.

Register.

Abendrot 30.
Abendstern 80.
Abendweite 9.
Aberration d. Lichtes 52.
Abnehmen d. Mondes 65.
Abplattung d. Erde 21.
Abweichung fall. Körper 26.
Achsendrehung d. Erde 25.
Adams 99.
Adler 139. 163.
Aerolithe 127.
Alcyone 139.
Aldebaran 139. 162.
Algenib 139.
Algol 139. 148. 153. 157.
Algoltypus 148.
Alior 136. 154.
Almagest 84.
Almamum 18.
Almukantarat 9.
Anderson 151.
Andromeda 128. 138. 151. 156. 158. 159.
Andromediden 128.
Anomalie 63.
Anomalistisches Jahr 60.
Anthelme 151.
Anziehungskraft 108.
Apex 128. 161.
Aphel 54.
Apogäum 62.
Apsidenlinie 54.
Apsidenlinie, Drehung der 59.
Äquator d. Himmels 6.
Äquator d. Erde 15.
Äquatordurchmesser 24.
    " halbmesser 22.
    " höhe 11. 12.
    " parallaxe 68.
    " umfang 24.
Äquinoktien 35.
Arago 22.
Argelander 145. 160. 164.

Argo 149.
Argument d. Breite 91.
Ariel 108.
Aristoteles 18.
Arkturus 140.
Asträa 94.
Atair 139.
Atmosphäre 29.
Atmosphäre, Höhe der 30.
Augustschwarm 129.
Auwers 157.
Azimut 9.
Baehr 22.
Bahn der Doppelsterne 155.
    " " Kometen 119.
    " " Meteore 130.
    " " Planeten 90. 95.
Bailey 160.
Bär, Großer 136. 154. 157. 160. 161.
Bär, Kleiner 137.
Bartsch 135.
Bau des Himmels 164.
Bayer 136.
Bellatrix 139.
Belopolsky 154.
Benetnasch 137.
Benzenberg 26.
Berenice, Haar d. 141.
Berlin 17.
Beschleunigung 106.
Bessel 22. 51. 141.
Beteigeuze 139.
Bewegende Kraft 106.
Bewegung b. Doppelsterne 155.
Bewegung b. Kometen 116.
    " b. Mondes 69
    " b. Satelliten 100.
    " b. Sternschnuppen 130.
Bewegung, eigene, d. Fixsterne 160.

Bewegung, eigene, der Sonne 161.
Bewegung, geozentrische, d. Planeten 81.
Bewegung, geozentrische, d. Sonne 34.
Bewegung, heliozentrische, d. Erde 50.
Bewegung, heliozentrische, d. Planeten 89.
Bewegung, tägl. mittlere, d. Planeten 91.
Bewegung, tägliche scheinbare 5.
Bewegung, tägl. wahre 25.
Bielascher Komet 125.
Bieliden 128. 131.
Biot 22.
Bolide 127.
Bootes 140.
Bradley 51. 160.
Brahe, Tycho 89. 135. 150.
Breite, geographische 15.
    " geozentrische 24.
    " heliozentrische 89.
    " des Sternes 38.
Breitenkreis 15. 38.
Breitenparallelen 38.
Brooks 126.
Burnham 155.

Capella 139.
Cassini 20.
Cassiopeja 138. 150. 163.
Castor 139.
Centaur 149. 160. 163.
Ceres 94.
Chaldäer 77.
Clark 23. 157.

Dämmerung 30.
Deferent 81.
Deimos 104.
Deklination d. Sternes 10.

Deklinationskreis 10.
Delambre 22.
Delphin 156.
Deneb 139.
Denebola 139.
Digression, größte 80.
Dimensionen d. Erde 23.
Dione 108.
Donatischer Komet 121.
Doppelsterne 154.
Dopplers Prinzip 147.
Drache 159.
Drachenmonat 61.
Dubhe 136.
Durchmesser des Mondes scheinbar 82.
Durchmesser der Sonne scheinbar 82.

Ebert 138.
Eigenbewegung der Fixsterne 160.
Eigenbewegung der Sonne 161.
Einhorn 156. 163.
Elliptik 84.
Elliptikalkarten 95.
Elemente der Kometenbahnen 126.
Elemente der Planetenbahnen 92. 99. 113.
Elemente d. Satelliten 105.
Ellipse 54.
Ellipsoid 23.
Enceladus 108.
Enckescher Komet 124.
Entfernung der Fixsterne 142.
 „ d. Mondes 69.
 „ d. Sonne 50.
Entfernung, geozentrische, d. Planeten 86.
Entfernung, heliozentrisch., d. Planeten 87.
Epizykloide 81.
Epoche 91.
Eratosthenes 18.
Erdachse 15. 57.
Erdäquator 15.
Erde 90.
Erde, Abplattung der 21.
 „ Bewegung, jährl. 50. tägl. 25.
 „ Dichtigkeit der 111.
 „ Dimensionen der 23.

Erde, Kugelgestalt der 14.
Erdferne 62.
Erdmeridian 15.
Erdmessung 22.
Erdnähe 62.
Erdquadrant 22.
Erdsphäroid 22.
Erdumfang 17.
Erdumseglung 14.
Eros 96.
Europäische Gradmessung 22.
Exzentrizität 59. 62.

Fallversuche 26.
Färbung des Himmels 80.
Fernel 18.
Ferro 17.
Feuerkugeln 126.
Fixsterne, doppelte 154.
Fixsterne, Eigenbewegung der 160.
Fixsterne, Entfernung der 142.
Fixsterne, Farbe der 146.
 „ Helligkeit b. 144.
 „ Karten der 95.
 „ jährl. Parallaxe der 51. 141.
Fixsterne, Veränderl. 148.
 „ Verteilung b. 162.
 „ Zahl der 145.
Foucault 27.
Frühlingspunkt 36.
Fuchs 159.
Füchslein 151.
Fuhrmann 139. 151. 157. 163.
Füllen 156.

Galilei 100.
Galle 99. 126. 131.
Gauß 94.
Gemäßigte Zone 56.
Geminiden 128.
Gemma 141.
Geoid 22.
Geozentrische Anschauung 50.
Geschwindigkeit b. Fixsternbewegung 161. 165.
Geschwindigkeit des Lichts 101. 147.
Gill 161.

Gleicher 6.
Goldene Zahl 65.
Goodricke 148.
Gould 160. 164.
Gradmessung 22.
Greenwich 17.
Guglielmini 26.

Hall 104.
Halley 47.
Halleyscher Komet 123.
Hansen 43. 69.
Harkneß 48.
Hartwig 151.
Heis 145.
Heiße Zone 55.
Heliozentrische Anschauung 50. 85.
Heliozentrische Breite 89.
 „ Entfernung 87.
Helligkeit d. Sterne 144.
Herkules 128. 156. 158.
Herschel 93. 149. 154. 163.
Hevel 135.
Hind 151. 159.
Hire, de la 20.
Höhe des Sternes 9.
Höhenparallaxe 68.
Horizont 5.
 „ scheinbarer und wahrer 15.
Horizontalkreis 9.
Horizontalparallaxe 68.
Hund 139. 140.
Hungaria 96.
Hyaden 139.
Hyperion 108.

Jagdhunde 159. 160.
Jahr, anomalistisches 60.
 „ julianisches 63.
 „ siderisches 43.
 „ tropisches 43. 63.
Jahreszeiten 85.
Jakobsstab 139.
Janson 150.
Japetus 108.
Iclea 97.
Istria 97.
Julianisches Jahr 63.
Jungfrau 140. 157.
Juno 94.
Jupiter 79. 90.
Jupitermonde 100.

Kalender, astronomisch 44.
Kepler 89.
Keplers Gesetze 89.
Keplers Stern 150.
Klima 57.
Knoten der Mondbahn 61.
Kobold 161.
Kolur 39.
Kometen, Aussehen 114.
„ Bewegung 116.
„ Elemente 117. 126.
„ merkwürdige 119.
„ periodische 123.
„ teleskopische 118.
„ Zahl 118.
Konjunktion 63. 80.
Koordinaten d. Sternes 39.
Kopernikus 85.
Kraft d. Schwere 108.
Krebs 156. 158.
Kreuz 163.
Krone 141. 151.
Kugelgestalt der Erde 14.
Kulmination 7.
Küstner 24.

Lacaille 135.
Länge, geographische 16.
„ geozentrische 51.
„ heliozentrische 51.
„ in d. Bahn 91.
„ östliche 16.
„ b. Perihels 91.
„ b. Sternes 38.
„ westliche 16.
Laplace 110.
Laurentiusstrom 128.
Leier 128. 138. 148. 154. 156. 157. 159.
Leoniden 128.
Leverrier 99.
Libration, optische 70.
„ parallaktische 71.
„ physische 70.
Lichtzeit 142.
Löwe 128. 139. 162.
Luftdruck 29.
Lunation 64.
Lyrathpus 148.
Lyriden 128. 131.

Mädler 160.
Maraldi 20.
Mariotte 29.
Martius, Simon 100.

Markab 138.
Mars 79. 90.
Marsmonde 104.
Massalia 97.
Méchain 22.
Meile, geographische 24.
Meridian b. Erde 15.
„ b. Himmels 6.
Meridiangrad 20.
Merkur 79. 90.
Messier 160.
Meteore 126.
Meter 22.
Meton 64.
Milchstraße 162.
Mimas 103.
Mira Ceti 149.
Mittagslinie 8.
Mitteleuropäische Zeit 46.
Mittelpunktsgleichung 62.
Mizar 136. 154. 157.
Monat, anomalistisch 63.
„ drakonitisch 61. 63.
„ periodisch 60.
„ siderisch 60.
„ synodisch 60. 63.
„ tropisch 60.
Mond, Bahn 60.
„ Entfernung 69.
„ Finsternis 73.
„ Inhalt 69.
„ Knoten 61.
„ Libration 70.
„ Mittelpunktsgleichung 62.
„ Oberfläche 69.
„ Parallaxe 68.
„ Phasen 65.
„ Rotation 69.
Mondtag 60.
Mondzyklus 64.
Montanari 148.
Morgenrot 80.
Morgenstern 80.
Morgenweite 9.

Nachtbogen 8.
Nadir 5.
Nebelflecke 158. 164.
„ elliptische 164.
Nebelsterne 159.
Nebel, unregelmäßige 159.
Neptun 90. 98.
Neptunmond 104.
Neumond 63. 64.

Newcomb 164.
Newton 25. 108.
Nordpol 6. 15.
Nordpunkt 8.
Nova 152.
Novemberschwarm 129.
Nullmeridian 16.
Nutation 59.

Oberon 103.
Opposition 63. 80.
Orientierung 136.
Orion 128. 139. 158. 159.
Orioniden 128.
Ortszeit 46.
Ostpunkt 8.

Pallas 94. 97.
Parallaxe d. Fixsterne 51. 141.
Parallaxe d. Mondes 68.
„ d. Sonne 47.
Parallelkreis d. Erde 15.
„ d. Himmels 6.
Paris 17.
Pegasus 138.
Pendelbeobachtngn. 23. 25.
Perigäum 62.
Perihel 54.
Periodische Kometen 123.
Perseiden 128. 131.
Perseus 128. 139. 151. 158. 163.
Phasen des Mondes 65.
Phobos 104.
Photogr. Sternkarten 95.
Piazzi 94.
Picard 19.
Pickering 154. 157.
Planetarische Nebel 159.
Planeten, Anomalie 91.
„ Bahnberechnung 90. 95.
„ Bewegung, scheinbare 78.
„ Beweg., wahre 85.
„ Beweg., mittlere tägliche 91.
„ heliozentrische Breite 89.
„ Elemente 92. 99. 118.
„ kleine 93.
„ Knotenlinie 92.
„ Namen 79.

Register.

Planeten, obere 85.
„ siberische Umlaufszeit 86.
„ untere 85.
Planetenmonde 100.
Planetoiden 93.
Plejaden 139. 158. 161.
Pogson 144.
Pol der Ekliptik 88.
„ „ Erde 15.
Polardurchmesser 24.
Polarhalbmesser 22.
Polarkreise 56.
Polarstern 137.
Polarzone 56.
Polhöhe 11.
Pollux 139.
Posidonius 18.
Präzession 58.
Prey 163.
Procyon 139.
Procyonbegleiter 157.
Projektionsellipse 155.
Ptolemäus 84.

Quadratur 63. 80.

Rabe 140.
Radiant 128.
Radiusvektor 89.
Refraktion 31.
„ astronom. 31.
Regulus 139.
Reich 26. 111.
Rektaszension 37. 45.
Relative Bewegung von Doppelsternen 155.
Rhea 103.
Richer 21.
Rigel 139.
Ringnebel 159.
Rollinie 81.
Römer, Claus 52. 101.
Rotation der Erde 24.
„ des Mondes 69.
Rückläufige Bewegung, scheinb., der Planeten 79.
Rückläufige Bewegung, wahre, der Uranusmonde 104.

Säkulare Störungen 111.
Saros 77.
Satelliten 100. 105.
„ von Jupiter 100.

Satelliten von Mars 104.
„ „ Neptun 104.
„ „ Saturn 103.
„ „ Uranus 103.
Saturn 79. 90.
Saturnmonde 103.
Scheat 138.
Scheiner 153.
Schiaparelli 131.
Schiefe der Ekliptik 85.
Schiff 163.
Schlange 160. 161. 163.
Schlangenträger 150. 151.
Schmidt 151.
Schubert 23.
Schütze 159. 163.
Schwan 128. 139. 151. 163.
Schwankungen der Erdachse 24.
Schwerkraft 108. 112.
Schwingungsebene, Drehung der 27.
Seeliger 153. 156. 163.
Seemeile 24.
Sekundenpendel 112.
Sibirisches Jahr 43.
Siebengestirn 139.
Sirius 140.
Siriusbegleiter 157.
Skorpion 156. 163.
Snellius 19.
Solstitien 36.
Sonne, Entfernung 50.
„ Halbmesser 50.
„ Inhalt 50.
„ Oberfläche 50.
„ Parallaxe 47.
Sonnenferne 54.
Sonnenfinsternis 74.
Sonnennähe 54.
Sonnensystem 132.
Sonnentag, mittlerer 41.
„ wahrer 40.
Sphäroid 22.
Spika 140. 157.
Spiralnebel 159.
Stabiles Gleichgewicht 110.
Stabilität d. Sternsystems 164.
Stationär 79.
Steinbock 154.
Sternbilder 135.
Sterne, doppelte 154.
„ neue 150.
„ veränderliche 148.

Sterne, vielfache 156.
Sternhaufen 158.
Sternjahr 43.
Sternkarten 95.
Sternschnuppen 126.
Sterntag 6. 40. 43.
Sternuhr 44.
Sternverzeichnis 160.
Sternzeit 40. 44.
Stier 139. 154. 159. 161.
Stone 160.
Störungen 110.
Struve 51. 154. 159. 164.
Stundenkreis 10.
Stundenwinkel 10. 37.
Südpol 6. 15.
Südpunkt 8.
Syzygien 63.

Tag, astronomischer 41.
„ bürgerlicher 41.
„ mittlerer 43.
Tagbogen 8.
Tag- u. Nachtgleichen 85.
Teleskopische Kometen 118.
Tempels Komet 131.
Thetis 103.
Thule 96.
Tierkreis 39.
Titan 103.
Titania 103.
Titiussches Gesetz 94.
Toise 17.
Trabanten 100.
Trägheitsgesetz 106.
Triangulation 20.
Tropisches Jahr 43. 63.
Tumlirz 145.
Tychonischer Stern 150.

Umbriel 103.
Umlaufszeit, siberische 87.
„ synobische 81.
Uranotrop 12.
Uranus 90. 93. 98.
„ -Monde 103.

Venus 79. 90.
„ Beweg., geozentr. 82.
„ „ heliozentrische 85.
„ größte Digression 80.
„ größter Glanz 80.
„ Parallaxe 49.
„ Vorübergang 48.

Vertikal, der erste 10.
Vertikalkreis 9.
Vertikallinie 5.
Vesta 94. 97.
Viertel 68.
Visionsradius 147.
Vogel 153. 157. 162.
Vollmond 68.

Walfisch 149.
Washington 17.
Wassermann 156.
Wega 138. 162.

Weiß 131.
Weltachse 6.
Weltzeit 47.
Wendekreise 55.
Westpunkt 8.
Winnecke 125.
Witt 98.

Zeichen 38.
Zeit, mittlere 41.
 „ mitteleuropäische 46.
 „ Orts- 46.
 „ Stern- 40.

Zeit, wahre 40.
 „ Welt- 47.
 „ Zonen- 46.
Zeitgleichung 41.
Zenit 5.
Zenitdistanz 10.
Zirkumpolarstern 8.
Zodiakus 39.
Zone d. Totalität 76.
Zonen der Erde 56.
Zonenzeit 46.
Zunehmen d. Mondes
Zwillinge 128. 139.